U0052305

根治飼主的『苦惱』!!

# 法國鬥牛犬的調教與飼養法

回答你如何飼育好狗狗的疑問，
一次解決你所有的問題、煩惱和不安!!


編者◎DOG FAN編輯部　譯者◎彭春美
中文版審定◎江世明 中華民國獸醫師公會全國聯合會 理事長



漢欣文化事業有限公司
Han Shin Cultural Enterprise Co., Ltd.

# 前言

在電視廣告等的曝光機會日漸增加而逐漸打開知名度的法國鬥牛犬。其豐富的表情和對飼主執著的愛情表現，充滿讓人著迷的魅力。時而可見的幽默舉動，說不定正是牠受人喜愛的祕訣。牠想必可以成為你的重要伙伴，和你一起生活吧！本書正是為了和這樣的法國鬥牛犬生活的各位所寫的，以回答各位法國鬥牛犬飼主的「為什麼？」、「怎麼辦？」等疑問的形式來進行，一定可以解決大家目前的煩惱。希望對於你和愛犬間幸福快樂的生活能夠有所幫助。

# 目次

# STAFF & THANKS


| | |
|---|---|
| 製作・編輯 | 株式會社 A.D.SUMMER'S |
| 攝影 | 平山瞬二、沼尻年弘、小山達也 |
| 內文設計 | A.D.SUMMER'S、椿事務所、阿部祥子 |
| 插圖 | 宝代いづみ、重松菊乃 |
| 資料提供 | 日本畜犬協會<br>新宿區保健所<br>世田谷區保健所<br>共立製藥 |
| 攝影協力 | Trimming Salon LOVE<br>わん茶屋M's<br>Original DOG art BONE - BON'S |
| 模特兒 | 總理<br>史卡<br>普吉<br>尼可拉三世<br>BON☆BON<br>查可 |

chapter

1

# 教養的煩惱

就算同為法國鬥牛犬，
解決方法還是會依狗狗的個性和性格而各不相同。
你所抱持的教養煩惱，原因到底是什麼呢？

## 徹底解決教養的煩惱！但是在此之前……

# 飼主感到困擾的「問題行為」，對狗狗來說卻是普通的行為？

只要在一起，就能讓人變HAPPY的法國鬥牛犬。和在電影或電視廣告上極為搶手的牠們一起共度的生活，真的很快樂，自然而然就會流露出笑容。可是，有時卻會發生讓飼主煩惱或是情緒低落的事，這也是事實。實際詢問和法國鬥牛犬一起生活的飼主在教養方面的煩惱，可以發現絕大部分都是關於日常生活的問題行為（參照右頁）。

説到這些「問題行為」，大多數的情況都是：就算在人類的生活造成問題，但是對狗狗而言，卻只是普通的行為。因此，硬是要以斥罵來矯正對狗狗而言的「普通行為」，絕對不是正確的教養法。更何況是性格細膩的法國鬥牛犬，不但無法矯正，還可能會變本加厲，因此絕對不能過度斥罵牠。

## 首先要從「讓狗狗理解」開始

作為教養的第一步，最重要的就是「讓狗狗理解」。不能因為狗狗出現問題行為就胡亂發脾氣，這樣是沒有意義的。而比這更重要的，就是對狗狗的愛心。

有些狗狗可以很輕鬆地完成訓練，也有些狗狗要花很長的時間才做得到。如果有100隻法國鬥牛犬，就有100種不同的個性，也有不同的訓練方法。請不要放棄，就當作是和愛犬深入聊天一樣，再次從頭教起吧！

詢問法國鬥牛犬的飼主!!

# 目前感到困擾的教養煩惱

30 人中（可複答）

|  |  |
| --- | --- |
| 頑固（我行我素） | 17人 |
| 容易興奮 | 13人 |
| 對東西的執著 | 9人 |
| 不會上廁所 | 6人 |
| 偏食 | 5人 |
| 搞破壞 | 3人 |

其他

- 分離焦慮
- 偷吃
- 食糞
- 愛打架
- 任性

etc…

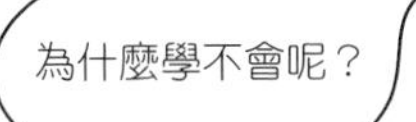

# 受愛犬信賴的飼主是什麼樣的飼主？

你心目中深受愛犬信賴的飼主，是不是像專業的訓犬師那樣呢？不過，要做到像專家那樣其實是很困難的。話雖如此，也不能因此就放棄當一個值得信賴的飼主。那麼，要怎麼做才能充實與愛犬間的信賴關係呢？並非要你跟愛犬一定要建立嚴格的上下關係，但為了成為讓愛犬信賴的優秀領導者，還是先從重新審視基本的生活型態和想法開始吧！

心愛的飼主不一定等於值得信賴的飼主。先要有正確的對待和應對方式，才能獲得狗狗的信賴。

## 1 要注意對愛犬的「過度逗弄」！?

**和愛犬的接觸是很重要的。**
**但是你知道嗎？過多的接觸可是會帶來問題的喔！**

和愛犬共度的時光，不管是對愛犬還是對飼主來說，都是快樂的時光。但是你否曾想過，極端地逗弄、關心愛犬，可能會給愛犬帶來極大的精神壓力……

如果平常就和愛犬過著形影不離的生活，一旦有事必須外出時，和飼主分開的時間就會讓愛犬感受到極大的不安與精神壓力。這是因為對狗狗來說，待在飼主身邊已經是理所當然的事了。結果就是會出現看家失敗、分離焦慮等問題……就算和愛犬一起生活，也要有和愛犬分開的時間才行。

**KEYPOINT**
若是愛犬有這種想法的話，一旦分開就會讓牠產生極大的精神壓力……

## ❷ 來練習領導者散步法（Leader Walk）吧！

**乍聽之下似乎很難，但是請放心，實際上並沒有那麼困難。**
**只要在散步時有意識地進行，愛犬看你的眼光就會大大改變。**

在放鬆牽繩的狀態下散步。當愛犬不顧飼主的速度，快要拉扯牽繩的瞬間……

像要堵住愛犬進路般地繞到牠面前，轉身。就算讓愛犬撞上也沒關係。

往不同的方向行進，像平常那樣走。每當愛犬想搶先往前走時，就反覆進行。

## ❸ 對愛犬的態度和應對要有一貫性

**飼主很容易在不同的時候改變對待愛犬的態度和行動。**
**或許這種「不小心」正是讓愛犬感到混亂的原因……**

對待愛犬的態度要有一貫性，這一點非常重要。心情不好時就對愛犬的惡作劇破口大罵，心情好時就允許牠做相同的事……像這樣的話根本稱不上有一貫性。對愛犬來說，要每天看飼主的臉色過日子也太殘忍了。愛犬會因為飼主每天不同的態度而感到混亂，最終會許會失去對飼主的信賴也不一定。為了建立和愛犬之間的信賴關係，請成為任何時候都能確實採取相同態度和應對方式的飼主吧！另外，也必須請家人（同居者）用相同的態度來對待牠。不妨所有人好好商量後，加以統一吧！

**KEYPOINT**

愛犬不會明白「今天是特別的」的意思，對牠們來說「每天都是特別的」，這一點要特別注意。

# 就算稱讚了愛犬，牠也沒有很高興的樣子……這是怎麼回事？

和愛犬一起生活時，為了要加深和愛犬的感情，「稱讚」這件事是非常重要的。

「用稱讚來飼育愛犬」——這在飼主之間已經成為常識了。只是，無法有效稱讚的飼主卻也有不少。為什麼呢？原因大多是愛犬無法理解飼主「稱讚」的心情，不知道自己「正在受到稱讚」。如果無法理解正受到稱讚這件事，就算飼主打算加以稱讚，愛犬也會露出不明所以的表情。也就是說，就算飼主拚命地想要傳達稱讚這件事，愛犬卻無法理解稱讚的話語和這樣的行為有什麼意義……

在稱讚時，最重要的是時機，還有飼主的聲音大小、音調、表情和態度。不只是稱讚的話語，愛犬喜愛的顯得喜悅的聲調和飼主的動作都是必要的。進行稱讚的第一步，就是飼主必須知道當自己採取怎樣的行動時，愛犬會顯得很高興，並且了解愛犬喜歡什麼樣的事物。

首先，請試試看在家就能輕易進行的、可以傳達稱讚心情的方法吧！只要運用這個方法，再加上飼主真心稱讚的心情，愛犬一定會有回應的。

能被信賴的飼主稱讚，對愛犬來說就是最好的獎勵品。為了愛犬，請試著再次仔細思考稱讚這件事吧！

# 1 將「稱讚的心情」傳達給愛犬

**如果不讓愛犬了解「稱讚」這件事，再怎麼稱讚都沒有意義。將語言和行動、獎賞連結起來，告訴狗狗「受到稱讚」的意義吧！**

## 2 「靜」的稱讚方法和「動」的稱讚方法

稱讚愛犬的動作有 2 種，分別是為了讓狗狗安靜穩定下來而稱讚的「靜」的稱讚方法，以及為了讓狗狗充滿活力而稱讚的「動」的稱讚方法。請依各種時刻分別使用。

「動」的稱讚方法
輕輕拍打身體加以鼓勵，或是提高聲調以活潑的拍子來稱讚。

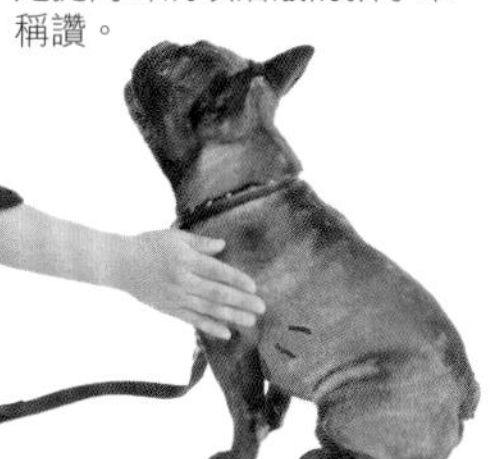

「靜」的稱讚方法
用平穩低沉的聲音，慢慢撫摸牠的背部。這種稱讚方法可以讓愛犬努力地「想靜下來」。

## 3 統一稱讚的用語

初次教導愛犬或想重新讓愛犬認知稱讚這件事時，請統一稱讚的用語。「好乖、good、好聰明、就是這樣」等等，稱讚用語有相當多種。為了避免愛犬混亂，家人之間最好也做個統一。

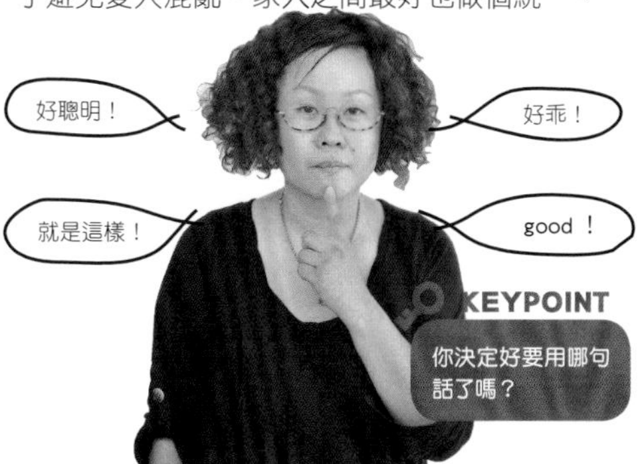

# 教養狗狗時，「斥罵」是必要的嗎？

和愛犬共度的生活中，一定有必須斥罵的時刻。除了稱讚，也要讓愛犬了解斥罵這件事。

或許有很多人會覺得這和前頁的內容互相矛盾，不過有時「斥罵」愛犬也是必要的。因為和「用稱讚來飼育愛犬」正好相反，所以應該有很多飼主都不喜歡斥罵吧！那麼，不妨先從根本來重新思考「斥罵」這個行為吧！

最常發生的錯誤就是將「生氣」和「斥罵」混淆不清的情況。或許你會想「這有什麼不同？」其實這真的是很大的錯誤。

斥罵的行為，是為了「制止或改變愛犬現在正在做的令人困擾、有問題的行為」。其中並不帶有無謂的感情，只要給愛犬一個指示讓牠能停止就算完成。如果沒有仔細觀察愛犬，是無法進行的。

而「生氣」則是當教養不順利而煩躁不安時，聽任感情做出怒吼或是給予體罰的行為。這就跟當愛犬如廁失敗或亂吠時，抓住牠的頸根讓牠停止的行為可說是一樣的（當然，這也會視做法而異）。「生氣」的行為，大都會讓該問題行為更加惡化。請先思考「斥罵」和「生氣」的不同處，想想看自己是否犯了這樣的錯誤。

此外，斥罵多少會帶給愛犬厭惡刺激，所以必須注意避免形成精神創傷。實行時請一邊仔細觀察愛犬有什麼樣的反應，被罵時又會表現出什麼樣的表情和行動吧！

## 1 讓狗狗理解「不可以」的意思

**藉由讓愛犬理解「不可以」這句禁止的話所代表的意思，**
**就能在任何時候讓狗狗停止行動。**
**請讓愛犬學習到「被罵（不可以）＝必須停止現在的行動」吧！**

### 斥罵＋厭惡刺激

前面也說過，斥罵多少會給予愛犬厭惡刺激；反過來說，如果能夠善加利用，就會有很好的效果。「不可以！啊！喂！不行！」這些斥罵的用語，如果再加上【可怕的表情、有威嚇性的低沉聲音、金屬音、愛犬討厭的氣味】等，厭惡刺激就會加倍。尤其是【可怕的表情、低沉的聲音】應該是最容易實踐的吧！

另外，斥罵就是要讓愛犬吃驚。以大而低沉的聲音說出「不可以」 的瞬間，愛犬如果吃驚地停止行動，就指示牠坐下，讓牠穩定下來後再稱讚牠。

# 家中的法國鬥牛犬老是過度興奮，是否有什麼辦法呢？

在法國鬥牛犬中經常也會看到一按下開關就興奮到難以應付的狗狗們。活力充沛當然是好事，只是也可能會變成連飼主也無法控制的情況。即使如此，還是有飼主認為「如果牠沒這麼 High，就不像是我家的狗狗了！」。

但是，如果全部一笑置之的話，很可能會變本加厲出現索求吠叫或是啃咬等問題行為。而且對於處於興奮狀態中的愛犬，飼主往往也會不自覺地提高「不可以！」、「停下來！」的音量。飼主這種近似喊叫的制止聲會讓狗狗誤以為那是給自己的加油聲，於是就會更加助長該行為，因而陷入惡性循環中。

要打破這樣的惡性循環，最重要的就是要能控制興奮狀態的「ON」和「OFF」的開關。對容易興奮的狗狗來說，重點並不是要在牠玩膩前停止遊戲，而是要在牠的興奮度到達最高點前停止。如果能夠確實做到這樣，只要飼主的一個想法轉變，就可以把「高度興奮」變成正面積極的要素。

不扼殺狗狗天生的個性，而是儘量控制牠的情緒，讓牠冷靜下來。為了達到這個目的，飼主的耐性當然是必需的，但正確地對待愛犬也很重要。請找出愛犬的興奮開關，高明地控制牠的興奮狀態吧！

容易興奮的狗狗對零食和玩具的執著往往也比較強，而這一點也就表示牠會比其他狗狗更容易投入訓練。能夠引出並提升這種能力的，就只有作為飼主的你了！

## 1 注意聲音和動作

想讓狗狗冷靜下來時，最重要的是不要大聲說話，也不要有多餘的動作。如果動作太大的話，反而會刺激愛犬讓牠更興奮。飼主本身必須先沉著穩定下來。

## 2 以壓制姿勢鎮靜愛犬的心和情緒

從後面抱住愛犬，就算狗狗亂動，也要緊緊抱住不放開。如果長至成犬後才突然進行的話，許多狗狗都會拒絕，所以最好從幼犬時就讓牠習慣。當然，成犬後在家中慢慢練習也能做到，請務必要挑戰看看。

## 3 以坐下、趴下等靜止動作讓狗狗冷靜下來

坐下和趴下等「靜止動作」的狀態，對愛犬來說是一種深呼吸。請勤加練習，讓愛犬不管在任何狀況和場所下，只要飼主一聲令下就能立刻實行。

## 4 利用安定訊號

這是由飼主來進行狗狗互相溝通時使用的「安定訊號」，以促使愛犬冷靜下來的方法。當愛犬的興奮無法平靜下來時，也可以請周圍的人協助。

# 遠隔訓練到底有什麼樣的效果？

遠隔訓練是「坐下」等基本訓練的發展型。請持續練習，讓自己即使遠離愛犬，也能確實對牠發出指示。

當距離比較遠時，愛犬就會亂叫、惡作劇……這時，就算走近牠想加以制止或斥責，在時機上都已經太遲了，根本沒有意義。如果可以的話，最好能讓狗狗即使在遠處也能確實聽從你的指示。

這時，遠隔訓練便能派上用場。藉由進行遠隔訓練，可以讓愛犬即使在遠處也能聽從指示。

如果距離很遠也能控制愛犬的話，那麼即使距離相隔很遠，也能以一個指示來制止愛犬的行動。這種訓練，重點在於每天的累積練習。即使從今天開始也不會太遲，請務必挑戰看看！

## 1 向遠隔訓練挑戰

**為了讓愛犬養成「就算離得很遠，還是必須聽從主人所說的話」的想法，不妨向遠隔訓練挑戰吧！**

在牽繩放長的狀態下指示狗狗坐下。不只是面對面的狀態，要讓狗狗不管在任何角度都能做到。

在牽繩放長的狀態下能夠做得到後，就拉開到不繫牽繩或是使用長牽繩的距離。不要焦急，一點一點地拉開距離。

## 2 若從遠處也能指示愛犬的話……

如果能從遠處控制愛犬的話，就可以在各種場合發揮作用。例如，只要一句「不可以」，就能讓在遠處吠叫的愛犬安靜下來。藉由平日的累積訓練，讓愛犬能爽快地接受飼主的指示。

## 3 目標是進一步提高信賴關係

藉由坐下、趴下、等一下、過來、跟好等基本訓練的施行，提升和愛犬之間的信賴關係。每天只進行一點點也可以，請持續進行基本訓練吧！訓練中也交織做遠隔訓練，效果更佳！

每當能夠坐下、能夠拉長距離時，就要好好地稱讚牠，給牠獎勵品。

能確實坐下後，就要提高難度讓狗狗也能做到趴下、等一下、過來等動作。還有，要讓狗狗不管在任何狀況下都能夠做到。

# 無法和愛犬做眼神接觸，因為牠都不看我……這到底是為什麼？

愛犬就是不會看著我的眼睛……請先試著想想愛犬不做眼神接觸的原因吧！

和飼主視線相對會讓牠想到不好的事情？或是愛犬根本不了解眼神接觸是什麼？這些情況都是有可能的。請先從讓愛犬學習開始吧！訓練方法其實很簡單，飼主只要能養成適時又有效稱讚的習慣，就能順利讓狗狗學會眼神接觸了。

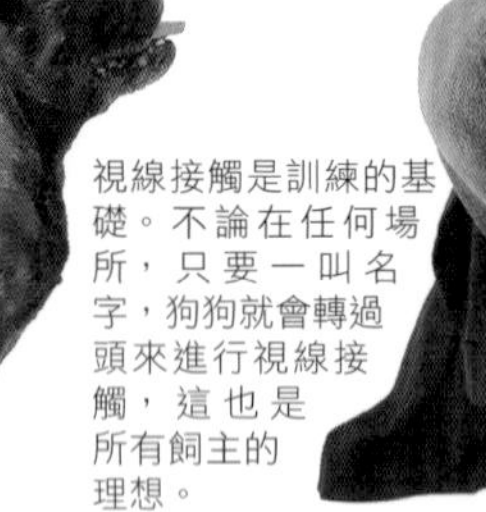

視線接觸是訓練的基礎。不論在任何場所，只要一叫名字，狗狗就會轉過頭來進行視線接觸，這也是所有飼主的理想。

## 1 有效學會眼神接觸的要領

- **不要面露可怕的表情**
  做眼神接觸時擺出可怕的表情，狗狗當然不想看你。一開始就要注意面帶笑容。
- **臉部不要靠得太近**
  臉靠得太近會給狗狗帶來壓迫感，對眼神接觸感到不安。
- **不要強迫訓練**
  眼神接觸之外的其他訓練也是如此。強迫訓練是不會有成果的。
- **不要邊叫名字邊斥罵**
  「〇〇！不可以！」──絕對不能像這樣叫了名字後又加以斥罵。
- **注意不是要牠看著零食**
  要注意訓練時如果狗狗不是看著你的眼睛而是看著零食，就不要給予稱讚。

## 2 讓愛犬理解眼神接觸是怎麼回事

**製造能做眼神接觸的狀態（在家時、愛犬集中注意力時），**
**讓愛犬學習眼神接觸是怎麼一回事。**

## 3 目標是不會受到誘惑的眼神接觸

**當愛犬理解眼神接觸是什麼後，就要練習不受任何誘惑的眼神接觸。**
**在各項場所進行練習也是重點之一。**

# 希望設法解決亂吠的問題，以免對左鄰右舍造成困擾！

雖然市面上也有防止亂吠的用具，但還是請考慮以教養的方式從根本來解決問題吧！

狗狗的亂吠是最具代表性的問題行為。不管怎麼斥罵都沒有意義，不管做什麼都無法制止，反而越來越嚴重……為這種亂吠的惡性循環而傷透腦筋的飼主應該為數不少吧！

要消除亂吠問題，必須先找出狗狗吠叫的原因，再來找出對症下藥的方法。要從根本解決問題，最重要的就是飼主本身的耐性。另外，有許多狗狗亂吠的原因就是出在飼主身上。為了避免增長愛犬的亂吠行為，飼主也要一邊重新檢視自己的行為和態度，以求消除愛犬的亂吠行為。

如果情況過於棘手時，向專業的訓犬師或是可到家中進行教養訓練的指導員請求協助，也是解決問題的捷徑之一。這並不是什麼丟臉的事，請儘早進行吧！

## 1 對狗狗來說並沒有「亂吠」這件事

**對狗狗來說，並沒有所謂「亂吠」這件事。背後一定有某些理由。請先試著想想原因是什麼吧！**

**攻擊**
**想要打倒對方。這是面對討厭的狗和感情不好的狗時，準備攻擊而出現的吠叫。**

**索求**
**想要索求什麼時就會吠叫。當想和最喜歡的狗朋友玩、想要吃飯或吃零食、希望飼主有所反應時就會吠叫。**

**脅迫**
**這是要威嚇對方而出現的吠叫。分成具有攻擊性的吠叫，以及站在安全處的吠叫等兩種。**

**疼痛**
**為了告知身體疼痛所出現的吠叫。如果觸摸其身體某部位就會吠叫時，就要考慮是否有受傷。**

**防衛**
**為了保護自己和家人所出現的吠叫。也可能是狗狗把自己當成是家族的領導者了。**

**不安**
**當對某些人事物感到不安時所發出的吠叫。這種為了先發制人而出現的吠叫多半是因為社會化不足所造成的。**

## 2 以「汪！」制「汪！」

**反過來利用愛犬的吠叫，來教導狗狗吠叫的指令和中斷吠叫的指令。以訓練的形式來進行，應該可以改變狗狗對吠叫的態度。**

用遊戲等讓愛犬玩得興奮，製造愛犬容易吠叫的狀況。

當愛犬好像要吠叫了，就給牠「汪」的指令。反覆進行數次。

接著，在愛犬吠叫時說「噓」。如果愛犬停止吠叫就馬上稱讚牠。

反覆進行，直到愛犬學會指令為止。目標是在愛犬實際吠叫時，只要一說「噓」就能讓牠靜下來。

## 3 會助長狗狗亂吠的飼主的行為

**來想一想飼主經常出現的可能會助長狗狗亂吠的行為吧！想要消除愛犬的亂吠，或許也該試著重新檢視一下自己的行為。**

### 抱起愛犬讓牠停止
雖然會依愛犬的性格而異，不過也可能會讓狗狗以為自己受到保護而叫得更厲害。

### 拉扯牽繩
拉扯牽繩的行為很容易讓狗狗誤以為飼主是在為自己加油。

### 亂發脾氣
情緒性的大發脾氣幾乎毫無疑問地會讓情況更加惡化。為了避免惡性循環，即使再怎麼焦躁也禁止生氣。

### 用零食讓狗狗安靜
狗狗會學到一叫就能獲得零食，使得情況逐漸惡化。正確的做法應該是停止吠叫才給零食。

### 過度反應
飼主的過度反應在愛犬眼中是有趣的表現，會讓狗狗變得更想叫。

### 給予打罵等體罰
在狗狗的教養上是不需要體罰的。這會讓任何問題行為變得更加惡化。

# 希望能有效解決尿尿失敗的問題！

最好要在幼犬時期就讓狗狗學會上廁所。只要從小就讓牠能聽從飼主的指令上廁所，之後就會很輕鬆。

如廁教養是所有飼主都必須通過的教養通達之門，這樣說並不為過。萬一無法好好上廁所，不僅飼主的壓力會很大，愛犬也一樣。

狗狗本來就沒有在同一個地方上廁所的觀念。教導愛犬明白廁所就是可以尿尿的地方，是飼主應盡的責任。如廁失敗的原因，大多可從飼主的態度和感情上找到。請從基礎開始好好地復習，有耐性地面對吧！

## 1 讓狗狗能聽從指令小便

這是用一個指令發出如廁指示的訓練。建議最好從幼犬時期即採用這個方法。那麼，對成犬難道就沒效了嗎…？其實不然。就算是成犬後才開始，還是能充分教導狗狗。只是，這個方法最需要的就是飼主的耐性。如果是從零開始，狗狗是無法馬上記住的。請慢慢地、確實地進行訓練吧！

不管任何時候都可以（大多都是在室外），在狗狗尿尿時不斷地對牠說事先決定好的指令。

## 2 了解正確的時機

狗狗上廁所的時機在某種程度上是固定的。起床後、用餐後、玩耍後……或許還有些狗狗想上廁所的時機是飼主沒有察覺到的。請掌握這種時機帶狗狗去廁所，並且並用指令訓練來練習吧！

## 3 絕對不能發脾氣！

如廁訓練最大的忌諱就是對狗狗的失敗發脾氣。這種脾氣通常都是因焦躁而來的，大部分的情況與其說是斥責，倒不如說是一種宣洩情緒的生氣。不要斥責狗狗的失敗。請重新思考一下，要在狗狗成功時予讚美、有耐性地進行教導吧！

狗狗會越來越討厭尿尿這件事，說不定以後就不在飼主面前尿尿了……

有耐性地不斷重複後，只要一聽到每次尿尿時所下的指令，狗狗就會開始想上廁所。

估計好時機，誘導狗狗到想讓牠排尿的地方，說出用語（指令）。

狗狗順利完成時就要給予稱讚。若能確實記住指令，不論何時何地就都能順利上廁所了。

# 愛犬不喜歡自己看家。有沒有方法可以讓牠乖乖看家？

狗狗不喜歡獨自看家的原因大多是「不想和飼主分開」。而牠之所以會萌生難以和飼主分開的這種情緒，原因就在於飼主身上。如果在平常的生活中一天到晚逗弄愛犬的話，狗狗當然會變得不喜歡獨自看家。而這也是帶給愛犬極大壓力的原因。請重新檢視平常與愛犬相處的時間，仔細思考一下吧！

「我馬上就回來，你要在家等，不可以亂叫哦！」像這種誇大的「道別」招呼，對愛犬來說就如同「分別的儀式」。外出、回家時都要保持安靜地不逗弄牠，就是避免愛犬看家時產生壓力的最好的辦法。

## 1 過度反應是最大的原因

留愛犬獨自在家時……因為要長時間讓狗狗看家，往往在不知不覺中就會變成冗長的道別，像是「你要乖乖的喲，我一下下就回來了。」之類。飼主這樣的行動，別說是讓愛犬產生「請慢走」的心情了，更容易帶給愛犬「啊！接下來要自己看家了……怎麼辦？」的不安。

要讓愛犬獨自看家時，飼主安靜、悄悄地出門才是基本。甚至回家後也不要立刻招呼愛犬，稍隔一段時間（約 15 ～ 30 分鐘），等愛犬沉穩下來後，再和牠打招呼。此外，日常生活中就要製造和愛犬保持距離的時間。剛開始時就算只有幾分鐘也沒有關係。總之，只要能一點一點製造不和愛犬膩在一起的時間就可以了。這樣做應該就能減少許多狗狗自己看家時的壓力。

## 獨自看家的練習

**也可以藉由訓練來減少狗狗獨自看家的壓力。**
**這是平常做家事的空檔或假日、回家後都可以進行的方法。**

假裝要外出，整裝打扮，走出房間。也可以在狗狗面前拿鑰匙或換衣服。

預先將愛犬關入圍欄等看家的空間裡。儘量在狗狗吠叫之前……

就回到房間內。即使愛犬好像很興奮地迎接你，也不要理會牠。

就這樣安靜地度過。等狗狗習慣後，再一點一點拉長走出房間的時間。

## 3 獨自看家＝快樂的時光

有個方法能讓獨自看家的時間轉變成快樂的時光。這個時候應該準備的就是抗憂鬱玩具或益智玩具了。如果能讓狗狗學習到獨自看家＝可以得到裝有零食的玩具的話，讓狗狗愛上獨自看家也不再是夢想了。請先在日常生活中，就讓狗狗對益智玩具或潔牙球抱持非常喜歡的印象吧！

## 4 看家時的食糞行為及惡作劇的應對法

狗狗看家時的食糞行為和惡作劇（破壞行為等）也是飼主常見的煩惱。對於這些問題，保持一貫地漠視，在愛犬沒看到時加以清理是鐵則。一旦發脾氣，只會讓這些行為更加惡化。但若愛犬患有重度分離焦慮的話，可就不能這樣處理了。詳情請參閱 52 頁。

# 散步時愛犬會不斷拉扯牽繩走在前面。請教我好好散步的方法。

說到養狗時的憧憬，就是和愛犬散步了。為了避免變成「不應該是這樣……」的情況，必須要擬定對策才行。

法國鬥牛犬雖然身材短小卻很有力氣，散步時若是突然遭到拉扯，可能一不留神就會受傷，或是成為意外事故的原因。

愛犬拉扯牽繩的壞習慣越是惡化下去，就會越難以矯正。還是儘早用心因應吧！請重新思考散步的方法，從基礎開始不斷地復習來加以克服。另外，最好平常散步時就要注意，避免經常任由愛犬自由行動。

## 1 拉扯牽繩的壞習慣會引發意外

愛犬用力拉扯繩子不斷往前走的散步模樣……這情景，真不知道愛犬和飼主到底是誰在帶著誰散步？幼犬時，拉扯繩子的模樣或許很可愛，但長成成犬後力氣會倍增，拉扯牽繩的壞習慣就會變成問題行為之一。

狗狗突然用力拉扯，那種力量是很驚人的，女性的力氣可能無法抵抗。假使此時一不留神讓牽繩離了手，會變成什麼樣的情況呢…？如果有車子過來呢？如果愛犬讓不喜歡狗的人受傷了呢？如果狗狗們開始打起架了呢？真的有很多讓人不安的因素。最好的方法就是儘早矯正了。

## 2 在家裡做跟隨的練習！

最簡單而最確實的方法，就是徹底讓狗狗做好「跟隨」的訓練，而且還要讓愛犬樂在其中。就算不喜歡到外面散步，也可以在家裡練習。戴上牽繩和項圈，當狗狗能在家裡做好跟隨後，再慢慢向戶外挑戰看看。

## 3 注意牽繩的拿法

散步時，如果老是放長牽繩的話，愛犬就會更想往前走，可能會更用力地拉扯。平常就要養成牽繩儘量鬆鬆地握短的習慣，這樣會比較容易控制愛犬。

秘訣就是要有點鬆鬆地、短短地握著！

## 4 在心情和力氣上都不能認輸！

**想要矯正拉扯牽繩的壞習慣，不拉輸愛犬的心態也很重要。最好在壞習慣越發惡化前就加以因應。**

在愛犬想要拉扯的瞬間，朝反方向走，制止愛犬，讓愛犬無法更進一步往前走。

確實用牽繩控制愛犬地轉換方向。不管是力氣還是心態上都不能輸給牠。

一邊和愛犬取得眼神接觸，讓牠回到跟隨的位置，繼續往前走。也可以用獎勵品來控制愛犬。

# 不管是在外面還是在家裡，都會撿食地上的東西。請教我矯正愛犬隨地撿食的方法。

這是將掉在地上的東西吃下肚的撿食習性。任何東西都狼吞虎嚥地吃進肚子裡，對愛犬的身體也不好。「我家的狗狗可是什麼都吃喲～」請別這麼輕鬆從容地面對，因為這是在吃下某物引起異常之前就應該處理的嚴重問題。

想要矯正撿食的習慣，只有施行讓狗狗不受任何掉落物誘惑的訓練。不妨來做在家中就能進行的訓練吧！

另外，為了在狗狗一不小心將東西吃進去時能馬上因應，最好預先做到能將手伸入愛犬的嘴巴裡。只要當作刷牙練習般每天進行，愛犬就不會拒絕飼主將手伸進自己嘴巴裡了。

「啊！糟了！」當你這麼想時，愛犬早就已經咕嘟地一口吞下去了！還露出似乎很美味的滿足表情……撿食的習慣若置之不理的話，真不知道牠會吃下什麼東西！除了散步中要嚴加注意，在家中也實行練習吧！

## 1 撿食是萬病之源!?

前面已經說過，一旦養成撿食的習慣，散步時只要聞到好像很美味的東西，狗狗就會把它吃掉，即使那是腐敗的食物或是動物的屍骸……吃了那樣的東西，身體會發生異常也是當然的。或許你會心想「我家的狗狗才不會那樣做……」但其實只要狗狗有撿食的可能性，就無法這樣斷言。

喔！
發現好像很好吃的東西了～♪

## 2 總之要多注意四周

經常可以看到有飼主邊玩手機邊散步之類的情景，不過若是和有撿食習性的愛犬散步，可就不能這麼輕鬆了。好好注意愛犬及其周圍，以避免發生「不小心吃下去」的情形。

## 3 注意飼主自身的反應

當發現愛犬撿食時，萬一做出「啊！不可以！」之類的過度反應，愛犬會變得因為想要看到這樣的反應而反覆做出撿食的行為。請不要反應過度，冷靜地處理吧！

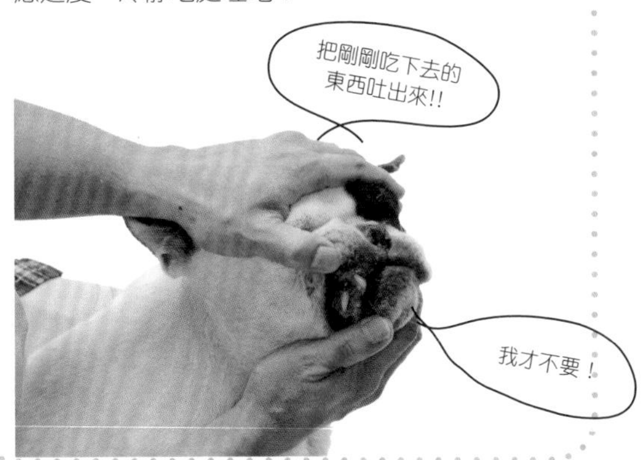


## 4 不受誘惑的訓練

**這是在家就能進行的防止撿食的訓練。在家中充分練習後，也可在戶外練習，讓狗狗不管在什麼地方都能不受誘惑。**

# 愛犬對玩具異常執著！希望牠能稍微節制一點……

喜歡玩具雖然是好事，不過過度執著也同樣令人困擾。最好想想辦法，以防止意外發生。

法國鬥牛犬的執著心很強，尤其是對玩具執著的狗狗似乎不少。一給牠玩具牠就不放手，如果想拿走的話，可能還會被牠低吼……

為什麼不想放開呢？愛犬的想法當然是「我喜歡的東西才不想給你」。這個時候，對愛犬來說，飼主就是「要搶奪我喜歡的東西的人」。在狗狗這麼想之前，就要思考該如何處理。

## 1 引發執著的重大問題點和原因

對玩具（食物也一樣）異常執著的狗狗，可能會發生許多問題。最常見的就是對飼主的啃咬。如果飼主在牠低吼的階段不撤手的話，大多會被咬吧！只是，當愛犬對飼主採取這樣的態度時，感覺上對飼主的信賴度似乎是太少了。因此必須要從根本的解決方法來審視這個問題。

另外，一旦對玩具的執著極度強烈，甚至還會想搶奪其他狗狗的玩具，如此一來，狗狗間的打架就可想而見了。這種事主要大概會發生在狗狗運動場等公共空間吧！雖然飼主在狗狗運動場使用玩具這件事本身就有問題，不過愛犬並不會考慮這麼多。萬一對方也是對玩具高度執著的狗狗時，就可能會演變成互咬的事件。

## 2 禁止讓愛犬獨自玩耍、玩完不收起來

不可一直給予愛犬玩具不收起來。請注意，要讓狗狗無法隨時得到玩過的玩具。「任何時候都是我的東西」──這種意識會加強迷戀心理和獨佔慾望。要讓愛犬意識到「飼主會幫我管理我喜歡的東西」才是最理想的。

## 3 無論如何都不放手時

無論如何都無法從愛犬口中拿走玩具時，只能等牠自己鬆口了……這就是導致惡化的重大原因。如果無法自己解決的話，就必須拜託專家，儘快訂定對策才行。

## 4 讓狗狗正確地學習「給我」

**如果愛犬不放開自己喜歡的東西，就用牠更喜歡的東西做交換。**
**這個時候，如果順便教會「給我」的指令，就會很方便。**

開始玩起玩具，不想放開的愛犬。請先準備好愛犬最喜歡的零食。

將零食拿到愛犬的鼻端，讓牠將意識轉向零食。

如果愛犬放開玩具，就對牠說「給我」，然後給予零食，加以稱讚。

# 一和別的狗狗碰面<br>就好像要打架的樣子……<br>為了防止意外發生，是否有方法<br>可以解決牠愛打架的問題？

想打架嗎？

雖然是任何犬種都可能發生的問題，但既然養狗了，還是希望愛犬能和其他的狗狗好好相處……可是，該怎麼做才好呢？

在散步等時，偶爾會看到對狗或對人採取挑釁行動的狗狗。身為飼主的人可是嚇出了一身冷汗。這種行為如果成為習慣，說不定會發展成更嚴重的問題……那樣的事，還是不要發生比較好吧！

然而實際上的問題卻是，這樣的案例幾乎都是飼主一人難以應付的。就算當時好不容易過關了，想從根本矯正，還是需要花費相當的時間吧！必須經常保持警戒狀態的飼主，每當外出時就會產生極大的精神壓力。在問題變得比現在更嚴重前，尋求專家的協助也是非常重要的。

## 1 想一想原因是什麼吧！

**愛犬為什麼會有那種舉動呢？**
**仔細想想原因，就是解決問題的線索。**

### 社會化不足

在幼犬時期和其他狗狗或人類、動物之間有多頻繁的接觸、接受了多少刺激等等，都會影響狗狗的性格。這是飼主不積極行動就無法獲得的財產。

### 飼主的體罰

體罰過於嚴厲時，愛犬為了自保，就會出現不管對象是誰，都會變得具有攻擊性的傾向。如果你還有「狗狗要打才會聽話」的想法，請立刻改正過來吧！

### 領導權

如果能和愛犬建立信賴關係，讓愛犬認為飼主是領導者的話，任何問題都不容易發生，平常愛犬也會經常觀察飼主的動靜。請成為讓愛犬引以為傲的領導者吧！

### 表現出過度的反應

飼主反應過度，看在愛犬眼中是很有趣的事，於是就會更想採取現在的行為。不要用誇大的聲音或動作來制止，不妨採取冷靜地離開現場等對策。

## 2 防止麻煩發生的預防對策

**只要愛犬的行為還沒有矯正過來，**
**飼主就要以避免引起麻煩為大前提。**

### 不要疏忽愛犬的小變化

當愛犬在外面碰到其他狗狗時，只要牠想上前挑釁，身上一定會出現不同的變化。例如一直盯著對方猛瞧，或是身體僵硬等……飼主只要一發現變化，就安靜地帶牠離開現場吧！

### 儘量不前往許多狗狗聚集的場所

或許有人會說「那不是很無趣嗎？」不過，帶著想找人打架的愛犬到狗狗運動場等處，也未免太魯莽了。當有不安因素存在時，避開這類場所也是一種基本禮貌。

就算開始習慣了，也要繫上牽繩才能進入狗狗運動場，為預防多費心思。

## 3 和專家商量一下

**找專家商量，和對方一起解決問題也是非常有效的方法。**
**有分為來家中教導和去教養教室上課等不同的方式，請選擇適合愛犬和自己的方式吧！**

### 詳細說明現狀

飼主想要矯正愛犬令人困擾的行為，這種態度並不可恥。請毫無保留地說明在何時會發生怎樣的行為，和專家討論如何解決問題吧！

### 來訪或是前往

是要請指導者到家裡來進行訓練？還是飼主要前往指導者處進行訓練？不妨找出適合你的生活方式的方法吧！

### 一起學習

經常聽到的是「交給專家處理，矯正後再帶回家」──這種想法100%是錯誤的。在專家處，愛犬可能會學習到採取怎樣的行動才是正確的，不過，只管把狗狗交出去的飼主若是無法理解該訓練的內容，就沒有意義了。飼主自己也必須一起學習該訓練方法，努力地實行。就算將愛犬託管 1 個禮拜的時間，也並不代表問題行為已經獲得了矯正。

# 家裡即將迎接第 2 隻愛犬！有沒有什麼需要注意的事？

法國鬥牛犬是性格非常溫和且善於對飼主或其他人撒嬌的犬種。很少亂吠，可以說是適合現代需求的都會型犬種。只是，說到法國鬥牛犬是否適合多隻飼養，可就未必如此了。牠們雖然個性溫和，但是獨佔慾強，可能會因此成為問題。只養 1 隻，可以獨佔飼主的愛、撒嬌地過日子，對牠們來說，這樣可以說是最幸福的生活了。如果要多隻飼養，迎進的狗狗最好是幼犬。此外，應該選擇和先住犬體力差距不大的犬種。當牠們過度糾纏嘻鬧時，飼主不要冒失地介入，而是要交給先住犬來斥責，這件事是很重要的。

一般認為比較合得來的是飼養一公一母等不同性別的狗狗。如果不以繁殖為目的，最好能先進行去勢和避孕手術。由於在發情期或生理期間，狗狗彼此會產生壓力，因此建議儘早做好對策。

還有，也不要忘了對先住犬的關懷。迎接新來的狗狗，會一下子就破壞、改變先住犬之前的生活節奏，因此迎接第 2 隻之後的身體變化也要多加注意。雖然也會依先住犬的性格而異，不過在生活上還是要避免從過來的那一天起就在共同的房間生活，請花約 2 個禮拜的時間，讓彼此慢慢習慣吧！注意不要光是逗弄新來的狗狗，而造成先住犬的壓力。

既然要飼養多隻，就希望愛犬們都很快樂！只要記得最低限度的要領和對先住犬的照顧，應該就能實現。不管第 2 隻是什麼狗狗，和先住犬合得來是最重要的。

# 1 在迎接新狗狗前，請再度考慮看看

**在迎接新狗狗到來前，有許多方面都要考慮。除了這裡所舉出的事項外，請先確認在你和愛犬的生活上都不會造成負擔後，再來迎接新狗狗吧！**

## 經濟上和時間上充裕嗎？

養狗就意味著要花錢。飼養的隻數一增加，可能就會有 2 倍以上的花費。此外，也要在愛犬身上投入更多的時間。請確認時間和金錢的充分與否吧！

## 環境上有沒有問題？

即使是在允許養寵物的公寓大為增加的現在，仍有相當多的公寓會限制飼養的隻數。請再次確認現在居住的公寓情況如何吧！

## 先住犬的健康管理如何？

在迎接第 2 隻狗狗前，要先確認先住犬的身體狀況。一旦迎進第 2 隻狗，會對先住犬造成極大的壓力，也可能引發接下來的身體不適，請注意。

## 先住犬的教養如何？

請先完成先住犬最低限度的教養吧！先住犬的問題行為會影響第 2 隻狗，惡性循環將更難中止。有需要的話，也可以到教養教室等，接受專業的建議。

## ❷ 依先住犬的性格和年齡來挑選新來的狗狗

**以先住犬為準，仔細挑選下一隻新狗狗是飼主的義務。**
**請先理解先住犬的性格，為牠挑選合得來的狗狗吧！**

### 1 最喜歡遊戲，好奇心旺盛

好奇心強的狗狗，比較容易找到投緣的狗。選擇第2隻時，只要觀察牠和其他狗狗遊玩的情況，選擇能夠和睦玩耍的狗狗就可以了。反之，就算其他狗狗正在玩，牠好像也事不關己地待在角落、似乎很不安的狗狗，可能會對先住犬的存在抱有壓力，應儘量避免。

### 2 溫和的大姐氣質

如果是和任何狗狗遊戲時，都能好好照顧對方、凡事退讓的先住犬，不管任何類型的狗狗都比較容易接受。唯一要擔心的是，對於新來狗狗的逗弄或啃咬也可能會有忍耐的傾向，可能會產生類似育兒神經衰弱般的壓力，要注意。

### 3 我行我素、溫順安詳

對於悠閒、我行我素的先住犬來說，比起強烈表現出「來玩吧！來玩吧！」的狗狗，建議選擇同樣我行我素的狗狗為佳。迎進這種類型的狗狗時，選擇像西施之類較為悠閒的犬種，應該會比活潑、需要長時間玩耍的犬種適合。只要雙方都能悠哉地生活，就能構築良好的關係。

### 4 有點膽小、畏縮不前

有點膽小的狗狗大多擁有敏感的性格，就算自己想做什麼也不會去做。如果是這種性格的先住犬，就要儘量迎進溫和穩重的狗狗。因為個性敏感之故，如果只理會剛進來的狗狗，牠很容易會嫉妒吃醋，所以要好好關心牠。

### 5 吠叫、咬人、具攻擊性

老實說，在這種狀態下要迎接第2隻狗，實在很困難。可以想像這種問題行為也會傳染給新來的狗狗，變成惡性循環。如果變成那樣的話，一般都會變得很難處理，徒增煩惱，也可能會成為彼此的壓力。真的很想迎進其他狗狗時，最低條件是要先確實審視先住犬的教養。

### 6 個性活潑、精力充沛

對於好動且身體強健的狗狗來說，同樣能夠長時間玩耍的狗狗是最好的。如果要迎進不是法國鬥牛犬的犬種，最好能注意體格上的差異。迎進的狗狗如果是大型犬，成長後在遊戲中踩踏到的例子也不是沒有。請儘量選擇體格差異較小的犬種。

### 7 剛邁入高齡期的老犬

如果是剛成為老犬的先住犬，因為身體漸漸無法自由行動，往往比較容易產生壓力。迎進過度頑皮的幼犬並不適合。雖然偶爾也有在迎進幼犬後重拾年輕活力的狗狗，不過還是要視時期和性格，慎重地選擇。

### 8 出生未滿半年的幼犬

迎進幼犬後不久，隨即又迎進新犬的家庭也不少。我們可以說狗狗年紀越小，就越容易多隻飼養。判斷性格也很重要。不過，若是正值反抗期或是教養還不充分的話，第2隻狗狗也可能會模仿先住犬的缺點，請多注意。

## 3 消除對多隻飼養的不安！

**在此要介紹多隻飼養時飼主經常面臨的不安狀況。**
**在迎進新狗狗之前，請儘量解除這些不安要素吧！**

### 性別應該加以確認嗎？

最不會發生問題的性別組合，就是選擇和第1隻狗狗不同的性別，也就是異性的組合；其次才是都為母犬的組合。最容易發生問題的就是同為公犬的組合。如果同為公犬，年齡又相近、沒有去勢、體型差不多、對東西都很執著時，幾乎可以說一定會在家庭內發生糾紛。尤其是第2隻狗狗年紀超過6個月時（迎向性成熟前後），一般認為是最容易發生糾紛的。即使是之前從未反抗過先住犬的狗狗，也會以這個年紀為分界，開始想試試自己的力量（這和有沒有血緣關係無關，幼犬成熟後，即使對方是父親或兄弟，也會上前挑釁）。

### 和先住犬相同的犬種是否比較好？

答案會依先住犬的性格而有不同。如果是活動性高、自主性強、有魄力型的先住犬，建議選擇表現出相同的遊戲及行動模式的相同犬種。有這種先住犬的家庭，第2隻狗狗若是迎進性格溫順的西施犬、北京狗，或是不喜歡受到糾纏的吉娃娃、蝴蝶犬等犬種，很可能會發生問題。先住犬如果是大方、溫和的個性，或是先不論體型大小，具有高度社會性、愛玩的狗狗，那麼即使迎進的是體型和性格都完全不同的其他犬種，也不會有太大的問題。應該可以和第2隻幼犬相處得很好，好好照顧牠。

### 第2隻狗狗會模仿先住犬嗎？

是的。即使是生後才2個月大的幼犬，也會藉由觀察其他的狗來記住指令或是學習到家庭中的規則。可惜的是，牠不只會學到好的事情（對飼主而言），也會學到不好的事情。先住犬如果會在散步中看到其他狗狗就吠叫、在家中隨地便溺，或是有破壞行為的話，幼犬也會有相同的行為。反之，如果先住犬有很好的教養，就算飼主不教，先住犬也會教牠大半的事情，因此飼主可以落得輕鬆。要說「養第2隻狗一點都不費事！」，應該得歸功於先住犬的好教養吧？

### 打架時該怎麼辦？

最大的前提就是不製造讓牠們打架的狀況發生。若是任由牠們打架，以前不是問題的小事也會引發牠們打架。「讓牠們徹底打一架，只要能確立上下關係，就不會再打架了。」──有些人會有這種彷彿迷信般的觀念，其實那是很危險的想法，因為現代的狗狗已經和狼不一樣了。即使小心注意了，若狗狗還是打架時，請勿空手加以制止，否則100%會受傷。你可以對著狗狗的口吻部潑醋或潑水、弄出巨大的金屬聲、用大塊的布之類來遮住狗狗的視線等，視當場可以用的東西來制止打架。

# 法國鬥牛犬的心理學 性格

## 法國鬥牛犬真的很頑固嗎？

法國鬥牛犬很容易因為其獨特的樣貌而被認為是「頑固的犬種」。的確，每個犬種都有不同的性格特徵，不過即使犬種相同，每隻狗狗還是有不同的個性。例如膽小的狗狗，就算主人只是對牠發了小小的脾氣，都可能讓牠怕得全身發抖；或者因為弄錯了如廁的場所而被主人責罵，於是就不尿尿了……這樣的情形也時有所聞。

藉由區分性格給予適當教養後，就變成了令人刮目相看的乖狗狗──這樣的例子非常多。一般認為狗狗的性格大致可分成 6 種類型。你的愛犬屬於哪種性格呢？

### 1 非常坦率型

一被叫到名字，就毫不猶豫地立刻跑過來的類型。想要獲得飼主的喜愛，總是注意著飼主的一舉一動。

【訓練方法】
由於非常喜歡飼主，所以是很容易教養的狗狗。想讓牠更進一步提高等級，就要好好地稱讚牠。只要獲得主人的稱讚，就會不斷進步。

### 2 膽小畏縮型

除了熟悉的人或狗之外，很難讓牠敞開心胸的類型。和家人在一起時是很乖的狗狗，所以日常生活也沒有太多的問題，只是很難帶出去。

【訓練方法】】
大多數的情況都是因為社會化做得不好的關係，所以不妨慢慢訓練牠出去外面。請認識的人或狗狗們幫忙，讓牠慢慢地出社會吧！

## 3 老頑固型

只要自己不認同，就會變得頑固不聽話的類型。不過，只要能讓牠接受，就會是飼主最好的伙伴，是值得信賴的狗狗。

【訓練方法】
用心地教導牠「只要聽飼主的話就會有好事發生」這件事。對這種類型的狗狗一定要有耐性才行。多花點時間，不要急躁，慢慢地教牠。

## 4 悠閒散漫型

這是只下1次指令不會動作，要下2、3次指令才好不容易會動起來的類型。和其他的狗狗相較之下，不由得會讓人感到擔心，但只要最後能夠做到就好了。

【訓練方法】
重點是絕對不能急躁。對悠閒散漫型的狗狗來說，悠閒散漫的對待方式是最好的。不管什麼訓練都不能半途而廢，要讓牠抵達終點，然後好好地稱讚牠。

## 5 神經質型

是很害羞的狗狗。這種害羞的個性有時可能會轉變成攻擊性，但也可能是不安造成的，所以不可對牠發脾氣。

【訓練方法】
不管發生任何狀況，首先請觀察周圍的環境。應該是有什麼讓狗狗不安的原因，了解原因後再設法讓狗狗進行訓練。飼主的注意力也是很重要的因素。

## 6 兇惡攻擊型

這是一般認為最讓飼主困擾的類型，不過會造成這種性格也是有原因的。有時也可能和遺傳因素有關，所以在處理上或許會比較棘手。

【訓練方法】
請先分析讓牠產生攻擊性的狀況，設法避免讓狗狗接近那樣的狀況後，再慢慢讓牠習慣。也可以向專業人士尋求協助。

# 法國鬥牛犬的心理學 學習

狗狗最喜歡和其他狗狗們玩耍或是得到飼主的稱讚了，所以會認真記住做了什麼事後會得到稱讚。

## 你有想過為什麼狗狗想要零食時就會坐下嗎？

不管是什麼樣的法國鬥牛犬，最愛的都是美味的零食。牠們腦袋裡想的都是要怎麼做才能獲得好吃的零食。相反地，如果行動後出現的是討厭的事、痛苦的事等等，狗狗就會把該行動和不愉快的狀況連結在一起，於是就不會想要再次採取相同的行動。

例如，若是有了「在教養教室裡做不好，被罵了好幾次」的經驗後，狗狗就不會想要再去教養教室了。「為什麼我們家的狗狗不想去教養教室呢？」有這種疑問的飼主不乏其人，但是狗狗的這種行為卻是理所當然的。

我們將狗狗們這樣的行為理論分為 4 種類型。理論的名稱稍微有點困難，但只要稍微想一下，其實每一種都是可以理解的。

例如，有個有趣的插曲。

有隻狗狗原本聽到飼主叫自己的名字，會高高興興地跑到飼主身邊，結果卻被帶到動物醫院，或是被抓去剪趾甲、刷牙等，淨是做一些牠不喜歡的事情。到最後，這隻狗狗即使聽到主人的呼喚，也絕對不會跑去飼主身邊了。而接受飼主諮詢的訓練師的回答是「這樣只好更改狗狗的名字了」。這是因為對那隻狗狗來說，「名字」＝「討厭的事」。而這樣的行動也正好符合「4 種行為原理」。

## 4 種行為原理

動物的行為學習模式可分類成 4 種。只要了解這個原理，不但能

### ❶ 正處罰

**行動後出現不喜歡的東西，該行動就會減少。**

聽到主人的呼喚而高興地跑去飼主身邊後，竟然被抓去做最討厭的剪趾甲，所以之後就算主人再怎麼叫也不過去了。

### ❷ 正增強

**行動後出現獎勵品等喜歡的東西，該行動就會增加。**

只要一伸手，就可以獲得最喜歡的獎勵品，所以會一再做出伸手的動作。

稱讚了狗狗錯誤的行為時（也包含你並不打算稱讚，但是狗狗卻誤以為受到稱讚的行為），狗狗就會反覆進行該「錯誤的行為」。

# 使其克服不安狀況的方法

有一些方法可以讓狗狗逐漸習慣不安的狀況，或是厭惡刺激之類不喜歡的事物。在此要介紹 2 個具代表性的方法。

## ❶ 系統減敏感法

減小厭惡刺激，慢慢讓狗狗習慣。例如，狗狗如果討厭打雷的聲音，就把打雷的聲音錄下來，平常就以較小的音量播放，讓狗狗漸漸習慣。

## ❷ 反制約

當狗狗面對厭惡刺激時，就讓狗狗體驗同等甚至超過該厭惡事物的喜愛事物。例如，如果有討厭的狗狗走過來了，就給牠最喜愛的獎勵品，抵消掉厭惡的事物。

有效幫助控制愛犬的行動，也可以知道對待愛犬的方法。

## ❸ 負處罰

**行動後沒有出現喜歡的東西，該行動就會減少。**

散步前如果大聲吵鬧，主人就不帶自己去做最喜歡的散步，因此會停止吵鬧。

## ❹ 負增強

**行動後討厭的事物消失了，該行動就會增加。**

被抓去做最討厭的梳毛，不由得張口咬了人，之後竟然不用梳毛了。於是就變成每次梳毛時都會咬人。

# 法國鬥牛犬的心理學
# 社會化

## 變成攻擊行為的過程

會低吼的狗狗、會攻擊的狗狗，很容易被認為是好強的狗狗，事實上卻不盡然。當無法融入周圍環境時，會將該不安轉化為攻擊行為的狗狗明顯佔了多數。讓我們來追溯這個過程吧！

一有陌生的人或狗靠近，就會逃之夭夭。這是想要逃離不安的行為。

## 被認為很重要的「社會化」究竟是什麼？

不管是人類還是狗狗，群居的動物都會逐漸融入自己所屬的集團中，這就叫做「社會化」。這種社會化是在幼犬時代形成的，如果無法有效形成，當遇見其他的人或狗時，就會變得極度不安。

因為在家裡是非常乖的狗狗，所以未加察覺的飼主並不少；不過，只要來到公園或狗狗運動場等有其他狗在的地方，就會開始嗚嗚地低吼或吠叫。對於這樣的行為，有人或許會認為「那是因為我家的狗狗個性剛強」，然而會低吼或吠叫大多是由想要逃離不安的心理所引起的，絕對不是因為個性剛強的關係。如果硬是強迫牠靠近的話，就可能會發展成意外事故。

最好在幼犬時代就讓狗狗完成社會化，不過就算已經是成犬了，只要多花時間，還是不會有問題的。

## 社會化時間表

| | 1 週齡 | 2 週齡 | 3 週齡 | 4 週齡 | 5 週齡 | 6 週齡 | 7 週齡 | 8 週齡 |
|---|---|---|---|---|---|---|---|---|
| | 新生兒期 | 過渡期 | | 社會化前期 | 社會化後期 | 社會化完成期 | | |
| 疫　苗 | | | | | | 第 1 次（6 ～ 10 週） | | |

剛出生的幼犬，眼睛看不見，耳朵也聽不見。靠著氣味、溫度等來尋找媽媽。

五種感官開始發達，開始搖搖晃晃地走來走去。

開始對兄弟姐妹產生興趣，有時會互相打鬧或是騎在對方身上，開始玩遊戲。由這些遊戲學習狗狗之間的遊戲方式及規則。

## 吠叫 2

一旦感覺無法逃離該狀況後，就會開始吠叫。

## 掙扎 3

即使吠叫也無法逃離該狀況時，可能會開始死命地掙扎。

## 反咬 4

不安到達頂點時，可能會對對方發動攻擊。這是為了要保護自己。

## 妨礙狗狗社會化的飼主的行為

飼主在無意識中採取的行動，可能會阻撓法國鬥牛犬的社會化。

| 9 週齡 | 10 週齡 | 11 週齡 | 12 週齡 | 13 週齡 | 14 週齡 | 15 週齡 | 16 週齡 |
|---|---|---|---|---|---|---|---|
| | 第 2 次（10～12 週） | | | | 第 3 次（14～16 週） | | |

因為還沒有完成疫苗注射，所以無法外出；不妨邀請朋友到家裡，讓牠見見其他人吧！

第 3 次的疫苗注射完成。終於可以去外面了。

終於到了期待已久的初次散步。先在室內繫上牽繩，練習好好走路後，再讓牠出去外面吧！在外面見見其他狗狗或人們。在這個時期不會對人或狗狗認生，都可以成為朋友。

# 法國鬥牛犬的心理學 安定訊號

## 「安定訊號」是愛犬的語言

如果心愛的法國鬥牛犬會說話的話……有這種想法的飼主應該很多吧！狗狗們無法像人類交談一樣用語言來表達意思，但是卻會用身體來表現各種感情——這就是身體語言。身體語言也有各式各樣的表現，而被訓練師和獸醫師們拿來活用的就是「安定訊號（calming signals）」。這種身體語言是挪威的訓練師圖蕊・魯格斯（Turid Rugaas）所發現的狗語言，在想要讓對方或是自己的心情冷靜下來時就會出現。那麼，在什麼情況下狗狗們會想冷靜下來呢？那就是非常不安的時候，或是正在生氣的時候等等。也就是說，狗狗會一邊發出這個訊號，一邊告訴自己「冷靜一點」，或是向對方說「喂！你不要這麼凶嘛！」

如果是在教養教室或動物醫院看到狗狗出現這種安定訊號時，就不要再強迫狗狗了，或者是由人這邊發出訊號來對狗狗說「不要慌張，沒什麼好害怕的！」好讓狗狗鎮定下來。這裡所介紹的只是其中一部分，你也可以藉由網頁或書籍等來了解安定訊號的內容。

### 1 打呵欠

在周圍嘈雜等不安的環境下，狗狗就會打呵欠。有時會被誤以為大概是想睡了，不妨檢視一下環境，弄清楚是怎麼回事吧！

【訊號的使用方法】
如果狗狗在不熟悉的地方顯得緊張時，飼主不妨試著打個呵欠。這就是在對愛犬說「冷靜下來吧！沒事的」。

### 2 轉過身體

這是對正在生氣的狗狗說「別這麼兇嘛！」。不只是其他狗狗，被飼主責罵時，為了讓對方鎮定下來，有時也會背過身體。

【訊號的使用方法】
如果狗狗興奮得不肯離開時，飼主可以轉過身體。這是在對狗狗說「你稍微冷靜一點吧！」。

## 轉過臉

當有東西快速地靠近自己，或是害怕對方時，狗狗就會把臉轉開。這是想讓不安的自己鎮定下來。

**【訊號的使用方法】**
要走近會害怕自己的狗狗時，不要直接盯著牠看，而是要將臉轉開，慢慢地接近。這樣做可以緩和狗狗的不安。

## 其他代表性的安定訊號

1 緩慢行走
2 繞半圈行走
3 走去別的地方
4 尿尿
5 背過身體
6 坐下
7 抬高鼻子
8 表現得像幼犬一樣
9 擺動身體
10 搖尾巴
11 嘴巴一開一合
12 降低身體的位置
13 嗅聞地面的氣味
14 牙齒喀喀作響

## 舔鼻子

這也是經常看到的訊號之一。表示對對方沒有敵意，同時也是想讓自己鎮靜下來的行為。並不是因為鼻子乾燥，想要濕潤鼻子才這麼做的。可惜這不是人類能夠做到的訊號。

面對著攝影機時，大多數的狗狗都會舔鼻子。往往讓人以為「是鼻子乾燥嗎？」但其實是安定訊號。

# 法國鬥牛犬的心理學
# 壓力信號

有些「壓力信號」和「安定訊號」及覺得不愉快、不舒服的身體語言是相同的。那是因為有時這些身體語言擁有相同的意義。

## 為狗狗解決牠所抱持的壓力吧！

在幾項身體語言中，最受到矚目的就是「壓力信號」了。所謂的壓力信號，就是狗狗們感受到精神壓力時所發出的身體語言，有的是瞬間的信號，也有一天到晚進行該行為的長期信號。

瞬間性的信號，是來自於該瞬間狀況所形成的壓力，所以有時只要將成為原因的「壓力源」去除，就能輕易解決。不過，長期的信號，或是一再反覆相同動作的刻板行為（參照右頁），可能就無法立刻發現原因了。這些原因可能在於和飼主或家人等之間的關係、狗狗們彼此之間的關係，又或許是附近的工程噪音也不一定。必須考慮各種情況來究明原因。

萬一飼主沒有察覺到壓力信號，而讓狗狗的壓力轉變成慢性的話，就可能會導致日後的問題行為。此外，壓力累積也會造成免疫機能低下，讓身體狀況變差，甚至出現下痢等症狀。

一發現有反覆發生的壓力信號，請先確認狗狗的健康狀態，然後再次檢查狗狗所處的生活環境吧！

讓愛犬和其他狗狗玩耍，或是和飼主一起遊戲，都能幫忙減輕精神壓力。替愛犬按摩等共享放鬆的時間，在消除精神壓力上也很有效果。不管多麼忙碌，為了愛犬好，都要找出時間與牠一起度過。

# 狗狗的壓力信號

天氣不熱，卻反覆急促地呼吸（喘氣）。

身體緊張，好像僵住了一樣。

沒有蟑蟲或跳蚤寄生，卻一直搔抓身體。

## 代表性的壓力信號

- 耳朵往後倒
- 翻白眼
- 變得有攻擊性
- 瞳孔放大
- 腳底出汗
- 放低身體
- 打呵欠
- 想躲避飼主
- 舔嘴部
- 如廁失敗
- 尾巴下垂
- 眨眼睛

## 刻板行為

不斷地上下樓梯、追著自己的尾巴打轉等，反覆這些沒有意義的相同行為，就稱為「刻板行為」。不只是狗，也可見於人類等其他動物的身上。往往是表示抱有嚴重的壓力。

老是在庭院挖洞。

一直舔腳尖等身體的同一部位。

不斷地在同一個地方轉圈圈。

# 法國鬥牛犬的心理學 分離焦慮

和飼主在一起時是非常乖的狗，但是出門後回家一看，屋子卻簡直就像天下大亂……或是在飼主外出期間，大聲吠叫造成左鄰右舍的困擾等等，或許有些人曾經有過這樣的經驗吧？有很多飼主會認為，這都是因為沒有做好教養的關係而心生放棄，不過這也可能不是教養的問題，而是心理上的疾病，也就是「分離焦慮」。

## 可視為分離焦慮的、飼主外出30分鐘後的行動

| 亂叫 | 啃咬東西／破壞行為 | 異常舔舐／自虐行為 | 不適當的排尿、排便 | 出現嘔吐、下痢、便祕等心身症的症狀 | 不斷上下樓梯等的刻板行為 | 在飼主出門時出現攻擊行動 |
|---|---|---|---|---|---|---|

## 分離焦慮的自行診斷表

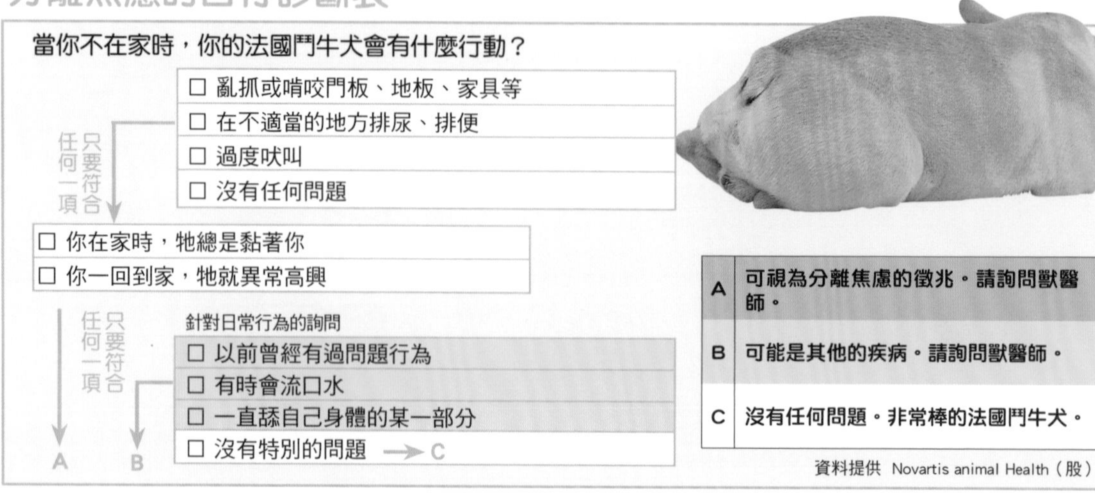

當你不在家時，你的法國鬥牛犬會有什麼行動？

- ☐ 亂抓或啃咬門板、地板、家具等
- ☐ 在不適當的地方排尿、排便
- ☐ 過度吠叫
- ☐ 沒有任何問題

只要符合任何一項 ↓

- ☐ 你在家時，牠總是黏著你
- ☐ 你一回到家，牠就異常高興

只要符合任何一項 → A

針對日常行為的詢問

- ☐ 以前曾經有過問題行為
- ☐ 有時會流口水
- ☐ 一直舔自己身體的某一部分
- ☐ 沒有特別的問題 → C

（以上符合任何一項）→ B

| | |
|---|---|
| A | 可視為分離焦慮的徵兆。請詢問獸醫師。 |
| B | 可能是其他的疾病。請詢問獸醫師。 |
| C | 沒有任何問題。非常棒的法國鬥牛犬。 |

資料提供 Novartis animal Health（股）

## 當感覺到愛犬的「分離焦慮」時

### 在家時

即使不外出，也要拿著鑰匙假裝要出門的樣子。

遊戲時，飼主要掌握主導權地進行。

### 回家時

不管愛犬做了什麼問題行為，都絕對不生氣。

即使受到愛犬的熱烈歡迎，也要視若無睹，直到牠安靜下來為止。

### 外出時

從出門前30分鐘起，就要表現出完全不關心牠的樣子。

**容易和心理疾病混淆的疾病**

**腦部感染症**／犬瘟熱、狂犬病等。

**內分泌障礙**／腦下垂體荷爾蒙異常、甲狀腺機能不全等所導致的攻擊性或活動力降低。

**腦腫瘤**／有時活動力會降低到對事物顯得漠不關心。

**糖尿病**／因為胰島素低下，可能發生行為異常、頻尿、漏尿等。

**貧血**／容易疲勞或是活動力變差。

## 獸醫師的「問題行為治療」計畫

做了適當教養後，仍然不見改善時，就要進行「問題行為治療」。這種治療是由獸醫師或寵物諮詢師等，從醫學、精神醫學方面來治療行為的一種方法。

1. 飼主的診察要求
2. 飼主的問卷填寫
3. 診察、諮詢、醫學檢查
4. 診斷、治療方針的說明
5. 進一步採取行動

**【醫學檢查的內容】**

### 健康檢查

問題行為的原因可能是來自於身體的疼痛。因此要藉由健康檢查調查全身，檢查是否有造成疼痛原因的疾病。

### 血液檢查（包含內分泌檢查）

進行一般的血液檢查。藉由血液檢查，可以判斷行為的變化是否由內科疾病所引起。進一步視病例來測定血液中的荷爾蒙濃度。因為有時候甲狀腺機能低下或亢進、腎上腺機能亢進、胰島素細胞瘤等內分泌系的疾病，也會對行為帶來影響。

### 尿液檢查

如果從某一天開始突然無法順利排尿，就有可能是和尿路相關的疾病。

### 糞便檢查

食糞、吃草等異嗜癖嚴重時，會先進行寄生蟲的檢查。也可能會增加消化系統的檢查。

### 皮膚檢查

皮膚病的原因為內科性的，或是精神性的例子出乎意料的多。因此，皮膚病的檢查也是非常重要的項目之一。

### 中樞檢查（神經學上的）

刻板行為或旋轉行為等也被認為是神經上的疾病。懷疑有此可能性時，會使用CT或MRI等進行檢查。

# 會裝病的法國鬥牛犬？

不是真的生病，卻又裝出不舒服的樣子，這就是裝病。總是將飼主的行動放在心上，而又聰明如法國鬥牛犬者，經常會使出這一招。

聽到裝病，或許有人會覺得「被狗狗給騙了！」其實法國鬥牛犬並沒有想著這麼狡猾的事。因為那只是一心一意希望你能更愛牠的心情，自然地表現在行動上而已。

或許是最近你和愛犬相處的時間變短了，也可能是你的興趣轉移到其他方面了，不妨試著重新審視和愛犬之間的日常生活吧！只要飼主的一個行動，就可以立刻治癒狗狗的不適。但也不要忘記確認是不是真的生病了。



只要跛著腳走路，大部分的飼主都會感到擔心而溫柔地對牠說話。一旦有過這種經驗，當牠想要你溫柔地對待牠時，就可能會跛腳走路。

當覺得很癢的時候，飼主就會拚命地幫忙搔癢。那時的飼主最關心自己了……於是當牠希望你逗弄的時候，明明沒事也會假裝很癢的樣子。

chapter 2

# 生活與日常的煩惱

和法國鬥牛犬共度的生活充滿了樂趣。
要讓這樣的生活更加正確而快樂，
訣竅到底在哪裡呢？

# 我前幾天改變了室內佈置，但愛犬好像很不安的樣子。該怎麼辦才好呢？

更換室內佈置對人類來說，是轉換心情的一種方式，不過對狗狗來說卻不是如此。尤其是神經質的法國鬥牛犬，只要稍微更換廁所的位置或是改變床鋪，可能就會讓牠坐立難安，或是無法順利如廁。還有，若是因為如廁失敗而對牠發脾氣的話，會變得更加做不好，所以請溫和地教導牠更改到新地點的事。如果可以的話，就算改變了傢俱的位置，但狗狗放鬆的場所還是不要做太大的變更比較好。不僅如此，就飼主的心情上來說，一旦更換室內佈置，有時也會想將愛犬的床鋪等更換成新品，不過還是儘量不要在改變室內佈置後馬上做更換。還有，最重要的是要以愛犬的視線來考慮房間的佈置。狗狗的視線絕對比人低，因此要避免在較低的位置擺放危險物品或是不想讓狗狗搗亂的東西。另外，人類和狗狗的體感溫度也有很大的不同。尤其是對法國鬥牛犬來說，夏季的室內氣溫是很重要的，所以溫度和濕度等也請充分注意。

## 1 善加活用圍欄

### 理想的狗圍欄

**將廁所和睡覺的地方區隔開來**
將排泄的場所和睡覺玩耍的場所隔開來，不但衛生方面比較安心，清掃也很容易。

**便盤（尿便墊）**
選擇比愛犬的體型大上一兩圈的尺寸。

**飲水器**
適合長時間不在家時使用的壁面型飲水器。從圍欄內的衛生方面來看也很建議使用。

### 活用罩布

要抑制狗狗的興奮，或是想讓狗狗安心睡覺時，有一塊可拆卸的罩布會比較方便。

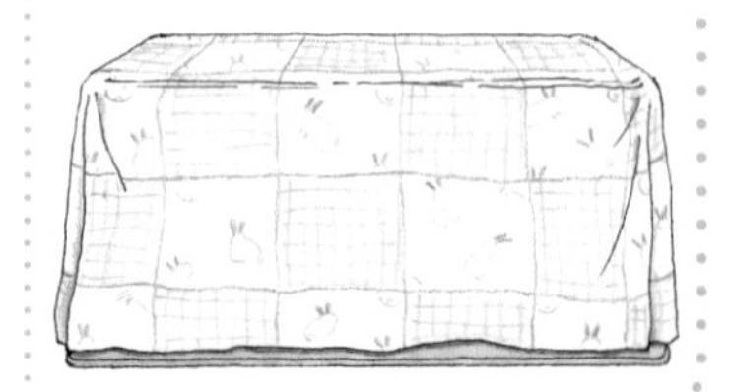

# 2 考慮到法國鬥牛犬視線的房間佈置

**重點是要以法國鬥牛犬的視線來考慮室內佈置。如此一來，就算狗狗搗蛋也不會有問題。**

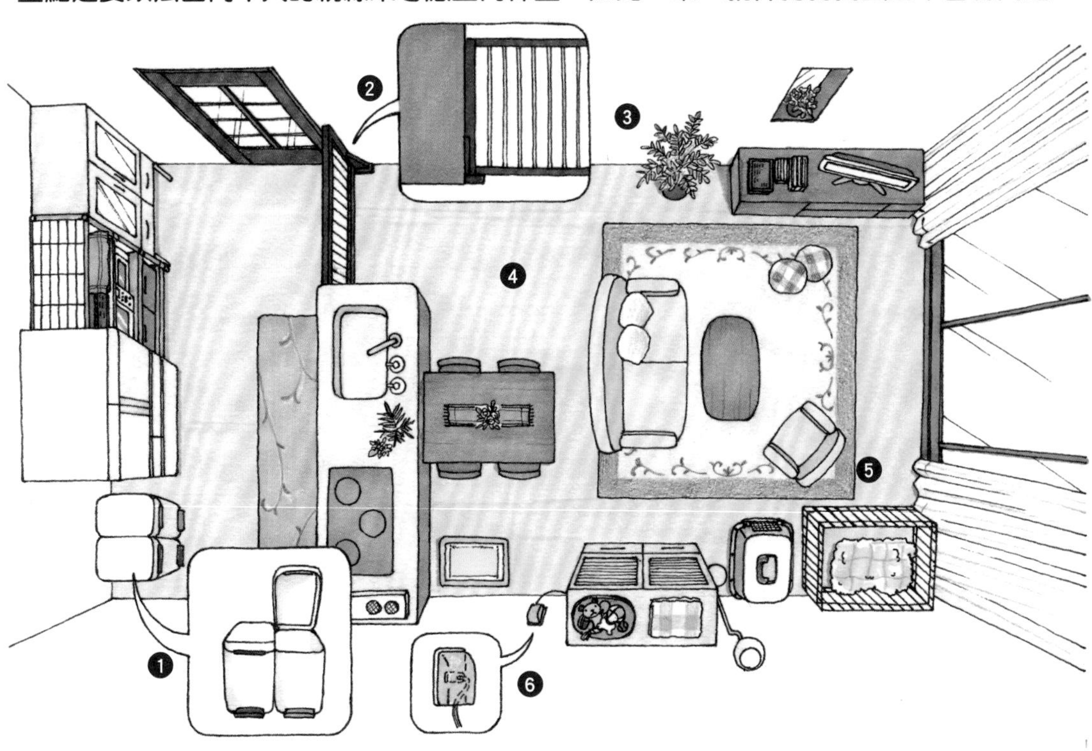


### 1 垃圾桶

如果是聰明又食慾旺盛的法國鬥牛犬，一下子就會爬上垃圾桶或是餐桌上。就教養和衛生方面來說，也請準備可牢牢緊蓋的垃圾桶，以免狗狗進入。

### 2 不想讓狗狗進出的地方

不想讓狗狗進出的地方最好先安裝防護欄。尤其是廚房之類的入口，一定要加以防護。

### 3 觀葉植物

狗狗可能會喝了盆栽底盤殘留的、含有化學肥料的水而發生下痢或嘔吐。此外，飼主不在家時，也可能會刨挖泥土……請盡可能將盆栽放在狗狗接觸不到的地方。

### 4 木質地板

容易對法國鬥牛犬的腰部和腳部造成負擔的木質地板，必須注意避免滑溜。可以鋪上大塊地墊或是使用可止滑的地板蠟等，做好周全的對策。

### 5 圍欄・床鋪

將狗狗居處時間最長的圍欄或床鋪設置在通風良好的地方。安置在窗邊時，要記得拉上窗簾，夏季時請注意避免直曬到陽光。

### 6 電線插座

家中若有幼犬或是活潑調皮的法國鬥牛犬，就要注意電線插座。由於可能會造成預料之外的事故，不妨使用市面上販賣的插座蓋，以徹底防止狗狗胡鬧。

# 聽說法國鬥牛犬的皮膚不太強健，果然，愛犬的皮膚一到梅雨時期就會出問題……

在梅雨等濕氣較多的時期，狗狗很容易出現皮膚問題。尤其對法國鬥牛犬來說，臉部皺褶、腹部、腳尖等皮膚柔軟的部分或鬆弛的部分很容易出現症狀，所以散步回來後要確實擦拭身體，沐浴後也要確認是否有沒擦乾或沒沖乾淨的地方。

最近，在季節交替的時期之外，狗狗也和人類一樣出現了類似花粉熱的症狀，變得會不停搔癢、揉眼睛等。如果問題嚴重的話，建議找獸醫師商量。此外，在梅雨時期，心絲蟲病、跳蚤・蜱蝨等寄生蟲，以及食物中毒等皮膚問題之外的情況也要注意。尤其是這個時期，絕對不能長時間一直擺置著食物或零食不管。

## 1 不同季節 容易罹患的疾病&日常照顧

### 春

**疾病**

心絲蟲病 跳蚤・蜱蝨
急遽運動後的腦貧血
花粉熱 腸內寄生蟲 外部寄生蟲

**日常照顧**

氣溫調節
健康診斷（血液檢查等）
圍欄內的換季（毯子→毛巾等）

### 秋

**疾病**

夏季倦怠 急遽運動後的腦貧血
跳蚤・蜱蝨 心絲蟲病

**日常照顧**

氣溫調節
圍欄內的換季（毛巾→毯子等）

### 夏

**疾病**

中暑 心絲蟲病 跳蚤・蜱蝨
皮膚問題 胃炎
食慾不振 食物中毒

**日常照顧**

暑熱對策 紫外線對策

### 冬

**疾病**

犬舍咳 內臟疾病
消化不良 胃炎

**日常照顧**

肌膚乾燥對策 適度的運動
防寒對策 飲食過度而導致肥胖

# 2 不同季節的問題注意表

※ 需注意的月份依地區和當時的氣溫、環境而異。

## 1 跳蚤・蜱蝨

需特別注意的月份

5 6 7 8 9 10 11 12

從外面回來後，如果狗狗一再搔癢身體，首先就要考慮是不是跳蚤・蜱蝨造成的問題。狗狗搔撓身體，可能會造成意外的抓傷，或是過度舔舐而使得皮膚發紅。若被吸食了過多的血液，還可能會造成貧血。此外，不只是狗狗，寄生蟲也會寄生在人的身上，最好能確實預防。

## 2 心絲蟲病

需特別注意的月份

5 6 7 8 9 10 11 12

主要是經由蚊子媒介而發病。感染後會對心臟造成負擔，以心臟肥大或心肺功能不佳等症狀表現出來。據說，沒有做心絲蟲病預防的狗狗度過一個夏天後，有38%會被感染，兩個夏天後竟然有89%會被感染，所以就和跳蚤・蜱蝨一樣，必須徹底加以預防。

## 3 皮膚問題

需特別注意的月份

1 2 4 5 6 7

濕氣重的時期是最需注意的時期。尤其是4～7月（台灣），要比平常更用心地用毛巾或專用藥水等，仔細地擦拭狗狗的各個部位。跳蚤、蜱蝨同樣是造成皮膚發炎的原因，而狗狗自己搔撓身體可能會讓問題更加惡化。不妨和獸醫師討論一下，如果情況過於嚴重，也可以戴上伊莉莎白項圈等。反之，在皮膚乾燥的時期容易發生靜電，造成被毛和皮膚的損傷。乾燥時期的照料，請使用含有防靜電劑的噴液或是保養油等，輕輕地幫牠按摩。

## 4 感冒

需特別注意的月份

1 2 3 4 10 11 12

在空氣乾燥的冬天，容易罹患和人類感冒症狀（咳嗽、打噴嚏、流鼻水、發燒等）相似的犬舍咳。常見於抵抗力弱的幼犬和高齡犬身上，不過健康的成犬也可能因為急遽的冷熱變化、在陌生環境下的疲勞等壓力而發病。由於感染力強，飼養多隻狗狗的家庭請務必多加注意。

# 法國鬥牛犬是怕熱的犬種，但愛犬也很怕冷，所以很難進行健康管理。

正如標題所言，一般人往往只以為法國鬥牛犬怕熱，但其實牠也很不耐寒。只是，一直開著冷氣或暖氣反而會對身體造成負擔，所以請定期打開窗戶，以促進通風良好。

還有，外出時間也是重點。當每天在相同時間出去散步這件事成為例行公事時，在冬天和夏天會有很大的氣溫差異。請儘量避免在相同的時間出去散步，冬天挑選暖和的時段，夏天則挑選涼爽的時段外出吧！氣溫過熱或過冷時不需要勉強外出，這時，不妨花點心思讓愛犬在屋內也能快樂地度過。

## 1 注意喘息

除了暑熱時期之外，有時就算氣溫不是太高，但只要狗狗一興奮起來，就會張大嘴巴吐出舌頭呼吸（喘息）。由於短吻犬種的狗狗氣道比較狹窄，若長時間持續這種喘息的話，會使得換氣量變少，體溫不斷上升，甚至可能會成為中暑的原因。狗狗的體溫在41度時就是警戒範圍。先測量狗狗平時的體溫，和喘息持續時的體溫比較看看，就能確認體溫上升了多少。若出現舌頭開始變色，或是舌頭一動也不動的情況時就要注意，請立刻採取潑灑冷水等的應對方法。

# 2 寒冷季節與暑熱季節的注意事項

※ 不管是任何季節，飼主的正確知識和迅速應對都是很重要的。

## 寒冷時……

### 1. 室內

在平常使用的睡床上增添毯子或刷毛布；開暖氣時，要多注意換氣。也可以使用熱水袋等保溫器具，不過要注意避免溫度過高。此外，寒冷時期由於體熱容易流失，所以熱量的需求量會提高，飲食量可以比夏天時增加一些；不過寒冷時的運動量也會減少，必須特別注意不可過度給予。

### 2. 室外

請讓狗狗穿上毛線衣或羽毛衣等保暖衣物。如果再穿上內衣，禦寒對策可說就萬無一失了。和其他犬種比較起來，法國鬥牛犬要多花點時間才能讓從鼻子吸入的空氣暖和，因此鼻黏膜會受到冷空氣的刺激，變得容易打噴嚏或流鼻水，所以酷寒時期最好還是不要勉強外出吧！

## 暑熱時……

### 1. 室內

除了冷氣外，也可以使用電風扇來促進室內的空氣循環。還有，也要放置冰涼的磁磚或涼墊等，以便萬一外出時空調用品故障了，還可以讓狗狗自行納涼。飲水也是，要讓狗狗在任何時候都能喝到新鮮的水。常常留狗狗獨自看家的家庭，最好能多準備幾個飲水處。另外，建議你在住家附近預先找好萬一外出時出現問題能幫忙處理的人，不要忘了法國鬥牛犬是很怕熱的犬種。

### 2. 室外

避免在炎熱時段外出，散步時一定要先用手觸摸地面，以確認溫度。使用推車或手提袋外出時，請在底面放置冰塊或涼板，以避免內部溫度上升。也可以讓狗狗穿上衣服避免直射陽光，不過要經常浸泡冷水，或是在衣服內面噴上人類用的冷卻噴霧劑等。

# 愛犬很喜歡外出，因此希望能儘量帶牠一起出門……

不管在都市還是度假區，法國鬥牛犬看起來都非常賞心悅目。不僅如此，好奇心旺盛的法國鬥牛犬最喜歡和飼主一起出門了，其中甚至有將出門當做生活意義的狗狗。只是，隨便帶牠到人多混雜的場所或是噪音吵雜的地方散步，狗狗和飼主都會在不知不覺中累積壓力，容易影響身體狀況。請視環境來考慮是否要外出，並且確實遵守禮儀和公德——這不僅是飼主的責任，也是對周圍人們的一種體貼。請注意 TPO（時間、地點、場合），快樂地外出吧！

## 1 和法國鬥牛犬外出時的注意事項

### 中暑

夏天外出時最需要注意的就是中暑。在氣溫高的日子裡，必須讓狗狗待在家中才行。此外，長時間關在提籃中也可能會引發中暑，請特別多加留意。

#### 準備冷水、冰塊等保冷劑

除了要經常給愛犬飲用新鮮的水，也可以用毛巾等包裹保冷劑，放入提籃中。

#### 穿著透氣性佳的衣物

如果有網狀或毛巾布質料等透氣性佳、用水沾濕後也能穿上的衣服，還可以作為抗暑對策。尤其是黑色的法國鬥牛犬，讓牠穿上衣服以避免直射陽光是很重要的。

#### 身體降溫的方法

當愛犬因為暑熱而開始呼呼地激烈喘息時，請立刻降低狗狗的體溫。

#### 降溫要以下半身為主

症狀嚴重時，為了讓體內降溫，有時甚至會直接從肛門灌水進去。

#### 腹部周圍的降溫

腹部是最會吸收來自地面熱氣的部位。也幫狗狗的大腿內側沖沖水吧！

#### 身體的降溫

當氣溫正在上升時，請經常讓身體保持濕潤。但是突然大量澆淋冷水，之後可能會引起急性肺炎，建議使用霧狀的噴霧器來讓身體降溫。

## 2 利用公共交通工具時

各公司對於要攜帶寵物搭乘的條件都有詳細的規範。例如搭乘 JR（日本鐵道）時，必須付 270 日圓的手提行李費，而且籠子的長度不得超過 70cm，長、寬、高合計不得超過 90cm；另外，籠子和寵物重量合計不可超過 10kg。這些規定和金額依各公司而異，最好事先詢問清楚。

※ 以上為 2009 年 9 月的資訊。

## 3 不能過度亂吠

如果亂吠情況很嚴重的話，可能會無法進入店面或是住宿設施中，或是被要求離開。和亂吠一樣，有攻擊傾向的狗狗大多也無法入內，因此要先從這些教養著手，改善之後再帶出去。此外，任何店家都有它的規定，不可過度自信愛犬一定不會有問題，要確認好店家的規定後再前往。

## 4 上廁所要選擇地點

最近，道路或公園裡的狗狗排泄物在禮儀和道德上備受撻伐。另外，有些飼主為了不讓狗狗在店內小便，竟然在店家周邊解決如廁問題，不要忘了這樣也會對店家周邊的人們造成困擾。最理想的情況是事先找好可以讓狗狗上廁所的地方，鋪好尿便墊後，飼主再發出指令讓狗狗上廁所。

# 5 狗狗運動場上的注意事項

很受歡迎的狗狗運動場，是可以讓愛犬不繫牽繩自由活動的場所。只是，狗狗運動場上有各種體型大小的狗狗和飼主自由出入或遊玩，若是勉強帶著社會化不足的法國鬥牛犬前去，很可能會讓牠對狗狗運動場心生恐懼，或是對其他狗狗顯得過於興奮而演變成打架等，所以請自始自終觀察愛犬的情況，善加活用並享受其中的樂趣吧！

## 由飼主先進入狗狗運動場

打開狗狗運動場的門時，一定要由飼主先行進入。偶爾會看到飼主們將狗狗抱在懷裡，跨過柵欄進入的情景，但是為了避免糾紛，一定要從入口進入。如果愛犬還不習慣狗狗運動場的話，也可以和平常一起玩的狗狗朋友約好一起進入。

## 進入狗狗運動場後不要立刻解開牽繩

先觀察早先進入的狗狗狀況和愛犬的反應後再解開牽繩。尤其是初次進入時，請讓牠習慣現場的氣氛後再放開。如果有好像合不來的狗狗在場，不妨錯開時間後再進場。

## 強化愛犬的「喚回」

在廣闊的狗狗運動場，如果能將在遠處的愛犬叫喚回來，會讓人非常安心。這在預防意外方面也是很重要的。平常就要讓狗狗不論在任何環境、任何狀況下，都能一聽到「過來」就馬上回到飼主身邊。

## 不可以做的事情

愛犬已經擺明不喜歡了，就不要勉強牠跟其他的狗狗玩。就算愛犬是可以和其他狗狗相處融洽的狗，但對方卻未必如此。另外，請儘量避免將球等玩具帶到狗狗運動場。如果現場有物慾強烈的狗狗，很可能會打起架來而導致意想不到的事故。

## 6 咖啡店中的注意事項

在進入咖啡店前，一定要先讓狗狗排泄完畢。如果是在如廁方面還沒有自信，或是有做記號習慣的狗狗，一定要穿上禮貌帶。此外，就衛生方面來看，前往咖啡店時讓狗狗穿上衣服，不僅能避免四處掉毛，也可說是飼主的一種公德心。聊得興起時，可能會不自覺地長時間待在咖啡店中，但還是要觀察愛犬的情況，如果發現牠有覺得不耐煩、憋尿的情形時，就要立刻離開咖啡店。

### 不可以做的事情

**不可攤開尿便墊**

在店內不可攤開尿便墊。萬一愛犬隨地大小便，請儘速處理。儘量由飼主自己處理吧！

**不要讓狗狗騷動或吠叫**

不可讓狗狗不安穩地到處打轉或是胡亂吠叫。亂吠的情況過度嚴重時，可能會被請出去。

**絕對不可和飼主使用同一個餐具**

不管是旁邊的人還是店家都會覺得看了不舒服，絕對不可以這樣做。如果有幫狗狗點餐的話，要放在地上讓牠食用。

## 7 商店中的注意事項

除了狗狗專賣店和寵物商店，最近可以和狗狗一起享受購物樂趣的商店也越來越多了。不過，除了專門店之外，和愛犬來到店家時，應先詢問過店內人員是否可以帶狗狗進入。此外，在店內試穿狗狗衣物等物品時，不可以就這樣直接穿脫，一定要告訴店員這件衣服狗狗試穿過了；當然，試穿的時候也別忘了先知會一聲。萬一狗狗在店內大小便，不可悶不吭聲，一定要主動告知店員。

### 不可以做的事

**不可故意讓狗狗上廁所**

這是在寵物商店裡偶爾可見的情景。一進入就馬上讓愛犬將商店當做廁所使用，明顯不符禮儀。即使不是故意的，萬一狗狗大小便失禁了，請迅速告知店員。

**不可歸還狗狗咬過的東西**

有時會看到飼主詢問愛犬「哪個玩具好？」的場面，但若是狗狗曾經咬過的玩具等，就不可以再放回去，請買回家吧！

**不可讓狗狗自由行動**

雖然是在室內，也絕對不可放開牽繩。狗狗一定要繫上牽繩，或是用手抱著，或是放入手提袋中。

## 我預定帶法國鬥牛犬去進行戶外活動，有沒有什麼注意事項或要當心的事？

要消除平日的運動不足和精神壓力，最好的方法就是藍天之下的戶外活動了！對於精力旺盛的法國鬥牛犬來說，一定會成為很棒的回憶。不過，飼主只顧自己吃吃喝喝，不知不覺中樂過頭，可能會疏忽了愛犬的身體健康管理，請充分注意。

另外，由於山上棲息著大量會撩起愛犬好奇心的有毒動植物，所以飼主應該比平常更加注意觀察愛犬的情況。

# 在戶外的注意事項

## 1 走失

狗狗在陌生的地方走失了，飼主很容易會變得驚慌失措，死命地到處找。其實，狗狗並不會走得太遠，反而可能會因為飼主到處走來走去而使得牠找不到飼主。請以不慌張、冷靜的態度，沿著前來的道路往回走約 50m，再返回原來的地點。像這樣來回讓飼主的足跡數度殘留，然後靜靜地等待吧！此外，也常有狗狗自行回到汽車處的情況，如果有同伴的話，可以請一個人在停車場等待。

如果仍不見狗狗回來，就要聯絡最近的警察局和動物保護中心、動物醫院，甚至大型商業設施等，並確實告知愛犬走失的經過和特徵。

**一定要佩戴名牌**

**前萬一走失了，只要身上戴有名牌就能順利找到。外出前請先確認金屬零件等有無鬆脫的情形。**

## 2 火傷

對於最喜歡吃的法國鬥牛犬來說，當然禁不起烤肉香味的誘惑。預先做個防護柵欄，以確保愛犬無法靠近火爐吧！

**燒燙傷的處置方法**

燒燙傷的患部要迅速用冷濕布或飽含水分的毛巾等覆蓋住，並請頻繁地更換。注意這個時候毛巾不可用力壓住。至少要持續30分鐘，嚴重時請迅速帶往動物醫院。

## 3 有毒動植物

進行戶外活動時，難免會遇到這樣的危險。請事先記住應對的方法。此外，也要注意跳蚤．蜱蝨、蚊蟲等，在出門前請確實做好預防。

被蜜蜂叮了

如果可以看到針，就用鑷子等將針拔除。在患部塗抹消炎鎮痛劑，觀察一下情況。若是出現嚴重腫脹或發燒的話，就要帶往動物醫院。

被蛇咬到了

如果被毒蛇咬到，請保持安靜地送往醫院；如果是一般的蛇，請在消毒患部後觀察情況。

### 空中飛的危險昆蟲

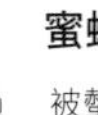

**熊蜂**　不太會螫人，不過因為體型較大，可能會嚇到狗狗。

**蜜蜂**　被螫到時，先用水充分清洗患部後，再塗上軟膏。

**胡蜂**　被螫到時，先用水充分清洗患部後，再塗上軟膏。

**牛虻**　被螫到時，先用水充分清洗患部後，再塗上軟膏。

### 地上爬的危險昆蟲

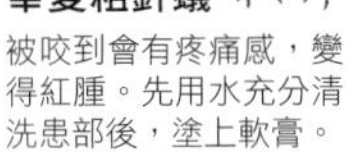

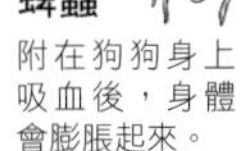

**華夏粗針蟻**　被咬到會有疼痛感，變得紅腫。先用水充分清洗患部後，塗上軟膏。

**蜈蚣**　被咬到會有激烈的疼痛，也可能發燒。

**蜱蝨**　附在狗狗身上吸血後，身體會膨脹起來。

### 必須注意的植物

●**有毒**　萬一狗狗吃下去了，要立刻讓牠吐出來。
○**有刺**　被刺到時，要用鑷子等立刻拔除，之後再做消毒。
◎**起疹子**　如果起了紅疹，先用濕毛巾等冷敷患部後，再塗抹抗組織胺類的藥物。

毛漆樹◎　馬醉木●　蕁麻○　臭橘○　夾竹桃●　楓葉莓○　木蠟樹◎　石南●　羌活○

# 我想讓愛犬穿衣服，但是擔心尺寸是否能剛好……

時髦又洋溢著滑稽感的法國鬥牛犬，受人注目的程度幾乎可以稱為犬界的新流行領導者。因為有大小適度的體型，搭配衣服和頸圈都非常好看，這應該也會搔動飼主的購買慾望吧！

衣服除了外觀可愛之外，還有各種效果。例如冬天外出時衣服就是必需的，夏天暑熱時期也有避免陽光直射的效果。近來，規定狗狗要穿上衣服的旅館或狗狗咖啡店也日漸增加。即使平常不穿，備有一件總是比較方便。

## 1 測量法國鬥牛犬尺寸的方法

狗狗衣物的尺寸標示，並不像人類的衣服一樣，所有的廠商都有共同的JIS規格，經常發生尺寸標示相同，但廠商不同，大小也不同的情況。先正確地測量愛犬的尺寸，再來選購適合狗狗體型的衣物吧！

**★一定要測量的部位**

**1** 頸圍（平常配戴項圈的位置下方約1cm處繞一圈）
**2** 體圍（前肢根部最粗的部分繞一圈）
**3** 身長（在站立狀態下，從頸根到尾巴上方的長度）

**★先量好會比較方便的部位**

**4** 四肢（四肢根部到蹠球約1～2cm處的上方）
**5** 頭部（眼睛上方到耳根部上方繞一圈。臉圍也一起測量會更方便）

（注意）
- 一定要在正確的站姿狀態下測量。
- 測量時要將項圈等拆下，配合愛犬的身體，緊貼著測量。
- 別忘了要測量體重。
- 購入時，請選擇比實際尺寸寬鬆1～2cm的衣物。
- 當市售的衣物尺寸都略有不合時，也可以配合體圍來選擇尺寸。

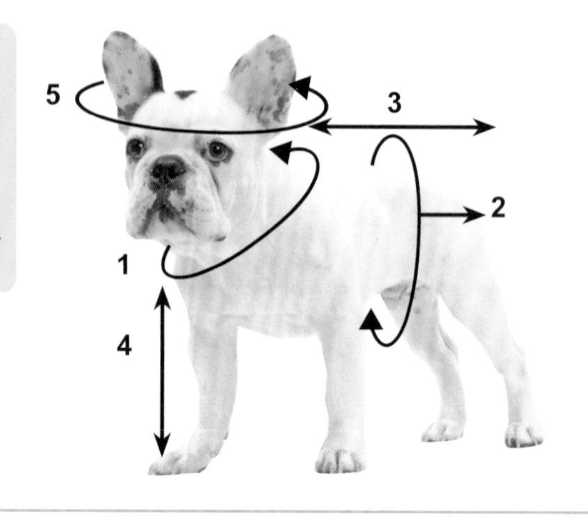

# 依場合分別穿著衣物

雖然統稱為衣物，實際上卻有各種不同的種類和材質。有些衣物的材質會引起狗狗過敏，有些設計也可能會讓狗狗覺得討厭，所以剛開始時，請儘量選擇容易穿著、對肌膚溫和的衣物。

## T恤・背心

這是最傳統的款式，也很適合法國鬥牛犬的體型。夏天時建議使用毛巾布或網狀質料等透氣性佳的衣物。弄濕後讓狗狗穿上，也可以預防中暑。只是在水分蒸發前，衣服內的溫度就會上升，所以要弄濕穿著時，請勤於淋水，經常保持在濕冷的狀態。

## 毛衣・外套

冬天時最適合的毛衣或外套。有各種不同的材質。如果是散步時穿著的外套，建議使用魔鬼氈等可輕易穿脫的衣物。不過，肌膚脆弱的狗狗可能會因為毛衣（毛料）而引起過敏，請注意。

## 連身衣

附有後腳部分的衣服。可以讓法國鬥牛犬原本就可愛的屁股看起來更加可愛。此外，在預防掉毛和衛生上也有很好的功能，最近頗受矚目。剛開始穿著時，因為不易走路，狗狗大多不喜歡，可以說是比較適合已經習慣衣物的狗狗穿著。

## 雨衣

材質以尼龍為主。對於下雨天也想散步的法國鬥牛犬而言可說是必需品。從可覆蓋全身的類型，到只部分性包覆腹部周圍的類型，種類多且齊備。可配合雨量和用途來拆除部分零件的雨衣，應該是比較好的選擇。

## 如何讓狗狗習慣衣服？

要領是剛開始時一定要選擇容易穿著的衣服。更進一步地，穿上衣服後，就帶狗狗去散步，或是給牠獎勵品等等，做些對狗狗來說快樂的事。於是很自然地，狗狗就會學習到穿上衣服就會有好事發生，而不會覺得討厭了。

# 法國鬥牛犬很適合穿衣服，不知不覺中錢包就變薄了……

就在還不久前，像法國鬥牛犬這種頭部較大的獨特體型並不容易找到適合的衣服，但是最近也出了許多專門品牌，對法國鬥牛犬來說，打扮已經變得不可欠缺了。絕大部分都是重視穿著舒適度和設計性的商品，不過也不乏有以時髦性為最優先的設計。如果是已經習慣衣服的法國鬥牛犬，就不會有太大的問題，但如果狗狗明顯表現出厭惡的樣子，就不需過度講究打扮。例如，身上配戴太多叮叮噹噹的飾品，可能會對身體造成負擔，有些狗狗甚至可能出現皮膚發紅、起疹子等症狀（金屬過敏）。另外，訂製商品也越來越受到矚目，可以找到更符合愛犬尺寸、更貼近自己喜愛設計的商品。當然，如果是飼主親自縫製的，就可以享受世上獨一無二的時尚風格之樂了。

## 1 購入時的注意事項

- 在店頭購買時，可以為狗狗試穿後，讓牠走走看，確認狗狗是否方便行動。
- 如果是網購，因為衛生上的問題，有些網路商店是不可退貨的，所以須事先確認，選擇詢問後會立即回覆的店家。
- 公犬不喜歡衣服覆蓋在排尿器官上，請儘量選擇腹圍大幅敞開的設計。

# 2 和法國鬥牛犬外出時的建議用品

添加一些小東西，擴大時尚樂趣的範圍。

## 1 裝飾小物

試著配合衣服和毛色，向裝飾小物挑戰看看吧！
請以作為愛犬專屬造型師的心情來幫狗狗選擇。

### 帽子・太陽眼鏡

可以用來對抗夏季紫外線的帽子。同樣可預防紫外線，有些飼主也會為法國鬥牛犬戴上太陽眼鏡（看起來非常適合）。

### 飾品

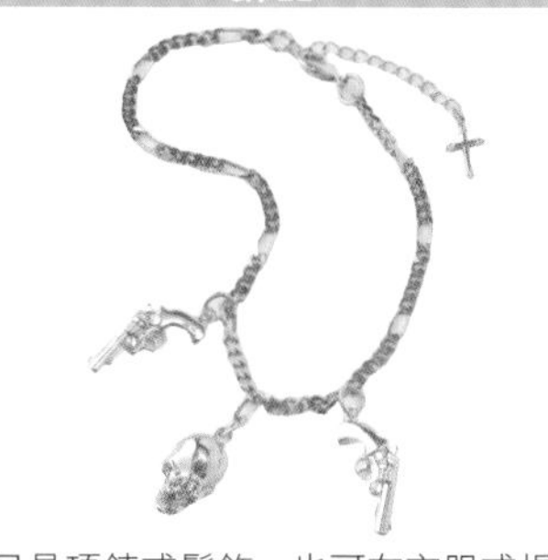

不只是項鍊或髮飾，也可在衣服或提袋上配戴鍊子或胸花等，讓狗狗享受更接近人類時尚打扮的樂趣。

### 咖啡店鋪墊

在禮儀和道德上也十分重要的咖啡店鋪墊。請選擇比狗狗的體型還大上一圈的種類。

## 2 外出提袋

在此整理出各種出門必備的外出提袋之優點和缺點。
擁有數種，配合用途使用會比較方便。

### 手提袋

【優點】
- 不易變形，可減少對狗狗的負擔。
- 在大眾交通工具內也能使用。
- 容易和飼主的造型搭配。

【缺點】
- 提袋本身的重量大多很重，長時間拿著會對飼主的肩膀造成負擔。
- 夏天時完全關閉的話，提袋內的溫度會升高。

### 揹袋

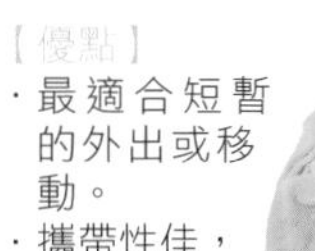

【優點】
- 最適合短暫的外出或移動。
- 攜帶性佳，建議作為防災物品。
- 可以直接感覺彼此的體溫，產生安心感。

【缺點】
- 穩定性差，不適合尚未習慣提袋的狗狗。
- 不太能找到符合法國鬥牛犬體型大小的種類。

### 推車

【優點】
- 長時間移動或行李多時仍能安心使用。
- 即使是腿腰衰弱的高齡犬或是飼養多隻狗狗的家庭，也能輕鬆出門。

【缺點】
- 佔空間。
- 在地下鐵等無電梯的場所不易移動。

# 愛犬非常喜歡玩具。在各種類型的玩具中，選擇哪一種比較好呢？

說到作為和愛犬之間的溝通工具，不能缺少的就是玩具。利用玩具進行遊戲，對狗狗來說是心理和身體發展上不可或缺的，甚至可以利用玩具加入各種把戲和高級訓練。法國鬥牛犬大多都很喜歡玩具，飼主在選購玩具時應該也比較不會花冤枉錢。只是，玩具的種類實在太多了，大概有很多飼主因為弄不清楚到底哪些玩具會受到愛犬喜愛，而感到大傷腦筋吧！在此要介紹的是玩具的正確選擇方法和遊戲方法。

## 1 選擇玩具的 3 個重點

### 1. 配合用途來選擇

玩具大致可分成 2 種用途。一種是讓狗狗獨自看家時，在飼主無法監視的狀況下給予狗狗的安全且耐用的玩具；另一種是愛犬可以和飼主一起玩的玩具。狗狗通常很喜歡布製玩具之類很快就會被弄壞的玩具，為了防止誤吞，一定要讓狗狗知道那是和飼主一起玩的特別玩具才行。

### 2. 配合愛犬的年齡來選擇

隨著愛犬年齡的增加，對玩具的執著和興趣也會轉淡，對玩具的反應會變得比以前遲鈍。這時，就可將一般的遊戲更換為使用育智玩具的遊戲。

### 3. 配合愛犬的體型和力氣來選擇

選擇玩具時，一定要選擇適合愛犬體型的東西。此外，像是可給幼犬玩的柔軟玩具，即使大小適合也很容易壞掉，有發生誤吞之虞，請注意。

## 2 遊戲方法

### 1. 拉扯遊戲

這是狗狗最喜歡的遊戲，不過得訓練愛犬只要一聽到飼主說「給我」，就要迅速鬆口放開玩具。尤其是法國鬥牛犬大多對物品較為執著，咬力也很強，因此務必要先做好訓練。

### 2. 追逐遊戲

如果飼主老是在後面追著持有玩具的愛犬跑，當牠想吸引飼主注意時，就會故意胡鬧，要求飼主追著牠跑。請儘量讓愛犬記住追逐持有玩具的飼主的樂趣。

### 3. 拿來（給我）

飼主丟出去的玩具，如果狗狗只走到半路就放棄去撿，或是直接逃走的話，就要繫上牽繩來控制狗狗的行動。反覆讓狗狗進行將投出去的玩具帶回飼主處的練習吧！

## 3 認識玩具的種類＆材質

玩具有許多種類和材質，請確認各自的優缺點後再來選擇吧！

### 布製・布偶系

【優點】因為膚觸和啃咬的感覺很好，是比較受狗狗喜愛的玩具種類。質地大多較為柔軟，適合性格穩定的狗狗，也可以用來做「拿來」的練習。

【缺點】不夠耐用，有些遊戲方式會立刻弄壞玩具。此外，布偶的零件部分也有被狗狗誤吞的可能，請注意。

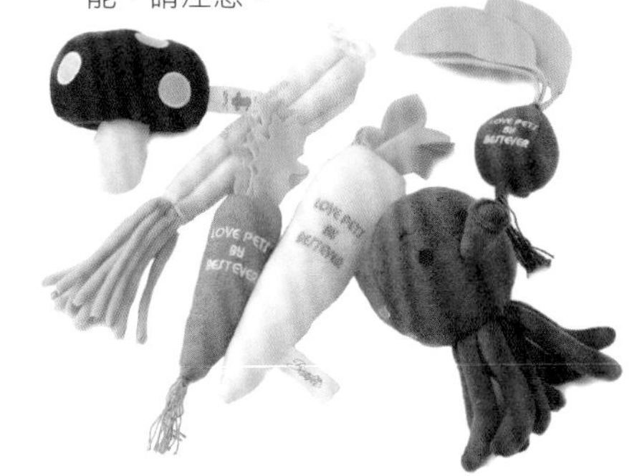

### 乳膠系

【優點】這是狗狗最熱衷的玩具，適合平常對玩具不太有興趣的狗狗；也可以當成很好的訓練道具，即便是成犬也能讓牠產生興趣。

【缺點】不夠耐用，有些遊戲方式會很快弄壞玩具。有些狗狗甚至一玩起乳膠系玩具就會過度興奮，造成嘴巴周圍紅腫。

### 潔牙系

【優點】這是可以一邊咬著玩，又能促進牙齒和牙齦健康的玩具。堅固耐用，推薦狗狗自己看家時使用。

【缺點】如果給予過硬的製品，狗狗的牙齒可能會因此折斷。請考慮狗狗的啃咬力和年齡來選擇。

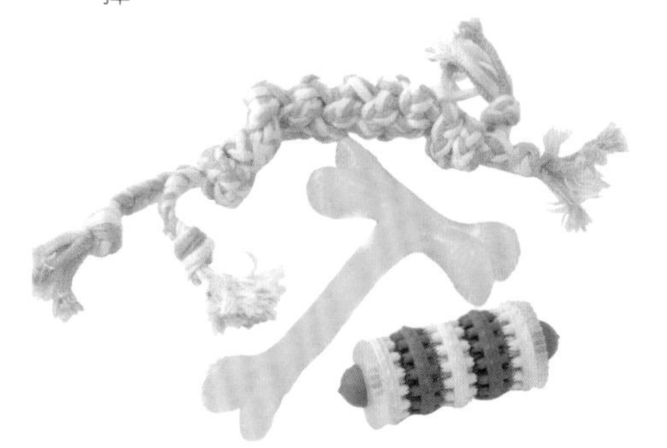

### 育智系

【優點】可以培養狗狗自己的思考能力，提高狗狗的學習能力。還有，和飼主一起進行遊戲，可以增進彼此的交流。

【缺點】飼主如果不清楚使用方法，狗狗就不知道該怎麼玩，也會變得不感興趣。此外，因為會用到零食，有時可能會超過一天的卡洛里攝取量，所以請決定好當天的給予量後再使用。

# 買玩具回來，牠卻很快就玩膩了，眼睛又飄到新的玩具上……

因為想看到愛犬高興的表情，所以不斷地購買新的玩具──這樣是沒有意義的。狗狗也有自己喜歡的色彩和形狀，就算有很多玩具，會去玩的大多也是同一件玩具。還是先確認愛犬會對什麼樣的玩具最感興趣吧！

另外，給狗狗的玩具一直放在地上也不好。不玩的時候，一定要將玩具保管在愛犬碰不到的地方。

如果想使用在訓練上，就要避免一直亂吹響笛。只有在狗狗注意力分散到其他事物上時吹響笛，牠的注意力才會回到飼主身上。此外，只是讓狗狗看玩具，卻完全不能碰觸的話，狗狗會漸漸對玩具不再留戀，所以訓練中只要狗狗達成飼主期望的動作，就要將玩具丟給狗狗，當作獎勵品，製造讓狗狗能夠碰觸到玩具的時間。

**除了使用玩具之外，還有可讓愛犬滿足的「遊戲」。就算是對玩具本來就不太感興趣的狗狗，也能藉不同的事物感受和飼主在一起玩的樂趣。**

### 尋寶・捉迷藏

愛撒嬌的狗狗適合玩尋找某個躲起來的家人的「捉迷藏」遊戲，而愛吃東西的狗狗則適合玩「尋寶」遊戲。可以充分使用平常不太用到的嗅覺，應該能讓愛犬的本能獲得大大的滿足。

### 把戲

從「握手」、「換手」開始，還有猜猜藏有零食的手的「哪一手？」遊戲等，這些平常就在做的事也是很好的把戲（才藝）。只要彼此玩得高興，就是最好的遊戲。

### 游泳

夏天時可兼做防暑對策，來向游泳挑戰看看吧！最近有些宿泊設施還備有游泳池等設施。不過，狗狗如果討厭的話就不要勉強牠吧！

# 和法國鬥牛犬玩遊戲的 5 個規則

為了隨時隨地都能和愛犬快樂安全地遊戲，一定要遵守規則。

## 1 避免對周圍的人造成困擾

在外面遊戲時，請確認場所和時段。在公園裡絕對禁止不繫牽繩。不過若使用長牽繩，繩子可能會糾纏，或是對行人造成困擾。此外，已經有其他狗狗在玩丟球遊戲時，為了避免糾紛，還是移動到別的場所吧！氣溫方面也要充分注意。

## 2 保持冷靜

有些遊戲可能會對狗狗的身體造成負擔。尤其是腰腿有問題的狗狗或高齡犬，請事先詢問看診的獸醫師。不管是狗還是人，遊戲時都很容易變得一頭熱。請經常觀察愛犬的狀態，以免對心臟、關節、肌肉等造成過度負擔。

## 3 決定好開始和結束

遊戲要做短暫區隔。在飼主的開始信號下進行，在結束信號下停止。玩拉扯遊戲時，只要狗狗一出現低吼聲，就要在此時停止動作，更換零食和玩具，然後讓狗狗「坐下」或「趴下」，做過服從訓練後，在飼主的信號下，再度展開拉扯遊戲。

## 4 不能讓狗狗胡鬧

即使正玩得熱中，也絕對禁止讓狗狗在過度興奮的狀態下咬人或是飛撲過來。只要狗狗一出現這些行動，就要立刻停止遊戲。因為不跟牠玩就是最嚴重的處罰，請有耐性地教導吧！

## 5 不要放著讓狗狗們自己玩

讓狗狗們一起玩時，一定要有人在旁邊盯著。因為當遊戲越玩越起勁時，可能會發展成真正的打架。平日就要進行訓練，讓狗狗即使熱中於遊戲，飼主仍然能用信號順利地叫牠回來。

# 「世界獨一無二的法國鬥牛犬商品」

由於法國鬥牛犬的容貌獨具特色，所以市面上發售有各種不同的商品。
然而每個人的喜好千差萬別，這裡為你介紹的是簡單就能做成的自製貼紙，
還有職業創作家製作的世界獨一無二的訂製商品等。

## 貼紙

所需時間　120 分鐘～
製作費　約 5000 日圓（含工具類）
協助／插畫家　那須村 幸子

【材料】
博士膜（俗稱「卡典西德」的背膠貼膜）
可重複撕貼的噴膠
清潔劑
美工刀
切割墊
遮蔽膠帶（MT 紙膠帶）
描圖紙
深色色鉛筆
尺

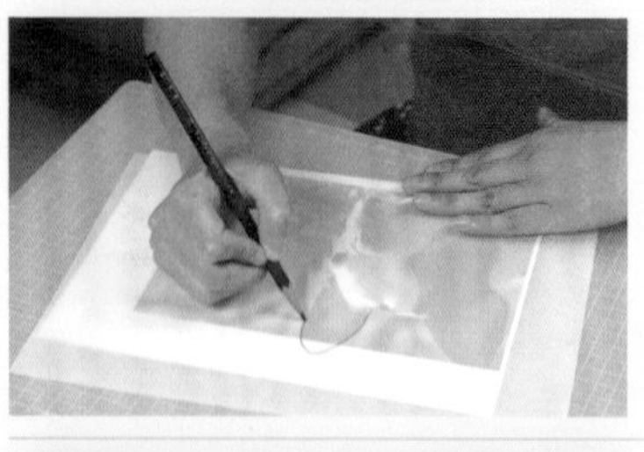

1. 在照片上方鋪上描圖紙，描繪要作為貼紙的底稿。

2. 用黑白兩色描繪底稿，好讓裁切部分變得明確。

3. 在描好的底稿背面噴上噴膠。由於這張紙之後還要撕下，注意不可噴灑過多！

4. 將底稿貼在博士膜正面，用剪刀剪掉多餘的部分。

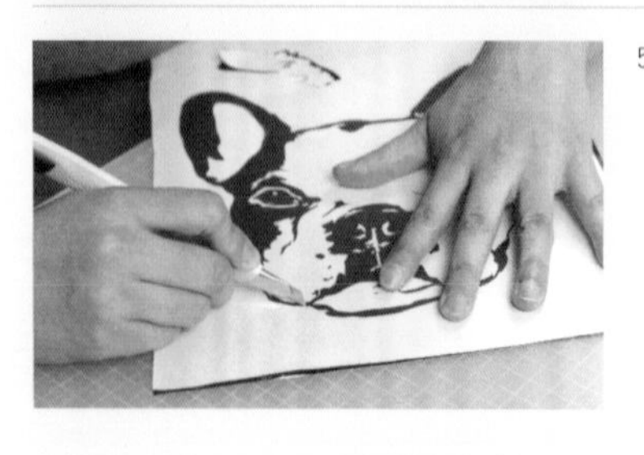

5. 開始裁切。白色部分全部做裁割。

POINT

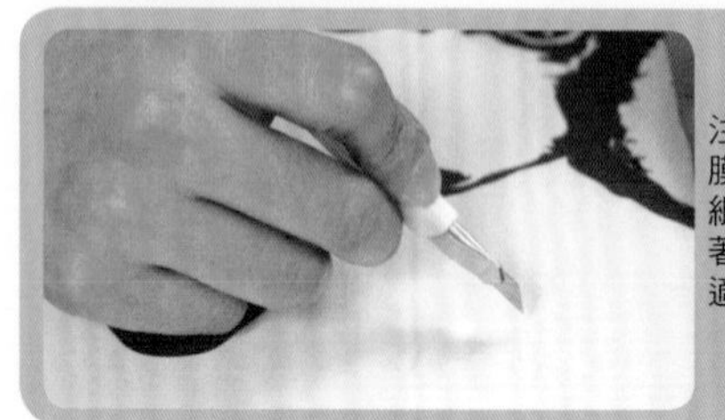

注意不要裁切到博士膜的底紙（離形紙）！事前不妨先試著裁切看看，並記住適當的手部力道。

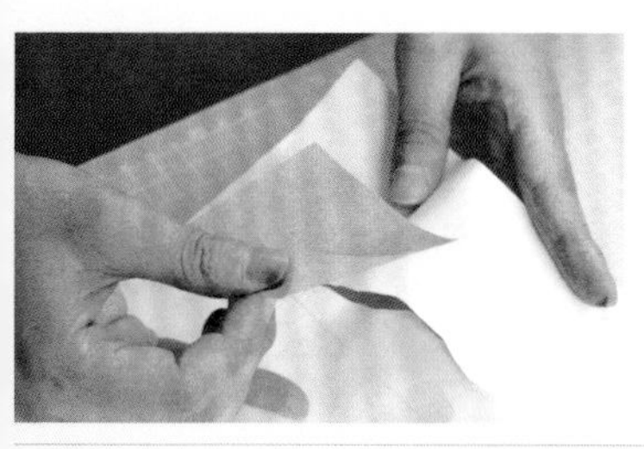

6. 萬一不慎裁切到博士膜的底紙（離形紙）時，先用膠帶補強。

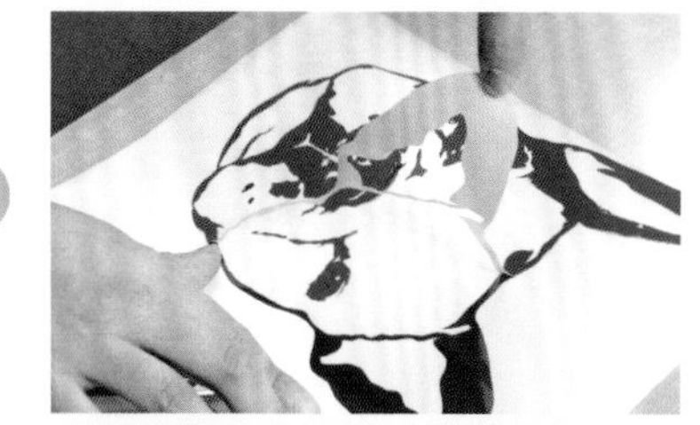

7. 白色部分全部裁切完後，撕下底稿。

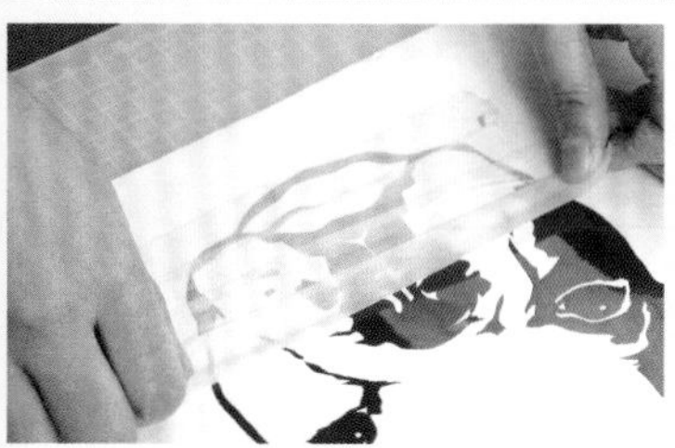

8. 在裁切完後的博士膜上，貼上MT紙膠帶，每次重疊2～3㎜。

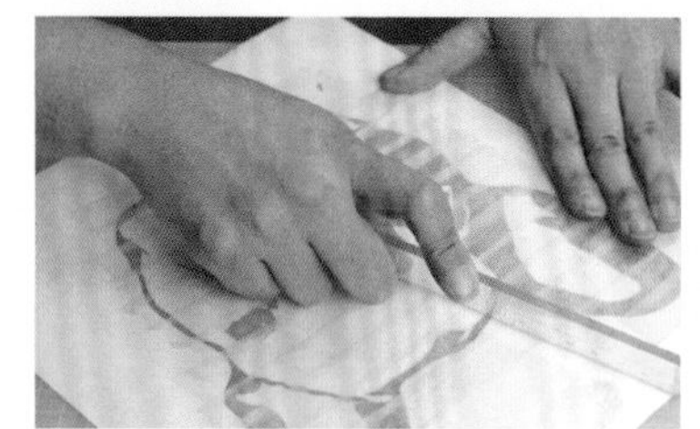

9. 貼完MT紙膠帶後，用尺從上方用力磨擦。

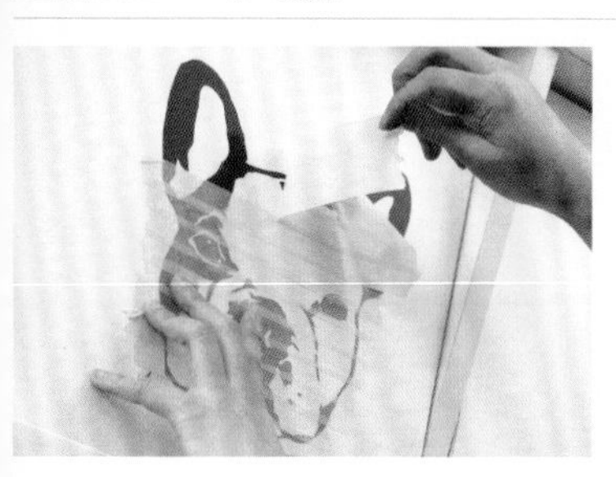

10. 決定好要貼貼紙的地方後，將MT紙膠帶連同博士膜一起撕下，避免空氣進入地仔細貼上。貼好後，慢慢撕掉紙膠帶。由於這個動作會影響到黏著力，所以貼貼紙的地方要先確實擦拭乾淨。

11. 最後，因為黏膠會附著在博士膜上，所以要將清潔劑噴在面紙上，仔細擦拭。

12. 完成了！
也可以貼在車子或腳踏車上喔！

## 職業創作家製作的原創商品

覺得自己製作有點困難的人，或是喜歡高品質製品的人，不妨委託職業創作家吧！這裡介紹的商店是以網路販賣為主，包含將愛犬的照片漂亮地印刷上去的狗狗衣物、海報、飼主所使用的商品等，都可依照預算和用途來選擇，請務必參考看看喔！

BONE-BON'S http://www.geocities.jp/oapbonebons/
※ 此為 2009 年 9 月的情報。

# 做記號的真相

對飼主來說，最煩惱的可能是狗狗無法做好小便的教養吧！如果會在廁所以外的地方排泄，不但無法安心地投宿旅館，甚至連要前往狗狗咖啡店或寵物商店也有困難。可以的話，真的很希望狗狗能在固定的場所小便。

不過，請稍微思考一下。

那是真的小便嗎？

所謂的小便，是指尿液蓄積在膀胱後，將尿液排出去的行為。就像當膀胱滿了時，人類會去上廁所一樣，狗狗也會去上廁所，將蓄積的尿液排乾淨。在本書中雖然沒有介紹，不過經常提到的「如廁禮儀」，指的就是這種排尿的教養方法。

但是，狗狗有一種「非常相似的小便」，其中之一就是「做記號」。也就是在其他狗狗的尿液上排尿，留下自己的情報。在做記號前，狗狗會先嗅聞地面的氣味，收集其他狗狗的情報。也因此，做記號被視為是地盤意識強烈的公犬的行動，但其實母犬也同樣會做記號。雖然做記號和排尿，排出的是相同的東西，不過基本上和排尿是屬於不同的行為。

另一種是嗅聞地面的氣味後，少量排尿的行為。這是一種「安定訊號」，是在對該狀況感到不安時所採取的行動。初次住宿旅館時，由於不安的關係，狗狗會在四處嗅聞氣味後少量排尿，就是基於這個原因。前往狗狗運動場卻不到處跑動，而是一直嗅聞地面的氣味，大部分的原因都是來自於不安。

就像在心理學的頁次中所說的，當狗狗對當時的狀況感到不安時，不可以立刻去除牠的不安。如果生氣地制止牠排尿，反而會讓狗狗更加不安。因此，作為記號或是安定訊號的小便，不可用強制性的教養來加以制止，而是要利用禮貌帶等來排除弄髒的風險，讓狗狗少量地排尿，如此應該可以慢慢降低狗狗的不安。等習慣後，安定訊號所導致的排尿行為就會逐漸消失。

chapter

3

# 美容和整理的煩惱

法國鬥牛犬是不能缺少清潔和整理等美容的犬種。
為了保持愛犬的帥勁和美麗，
飼主必須知道哪些事，又能做些什麼事呢？

# 法國鬥牛犬是短毛種，有必要經常美容嗎？

法國鬥牛犬雖然是短毛種，但因長有底毛，很容易脫落而造成狗毛散落在室內和衣服上，因此最好經常幫牠梳毛和洗澡。

另外，大多數的法國鬥牛犬皮膚都很脆弱，在濕度高的時節或夏季等時，必須特別注意。

由於法國鬥牛犬的眼睛大且稍微突出，因此容易受傷，問題也不少。在洗澡前或風強的日子出去散步時，請特別照顧牠的眼睛。

## 身體檢查 1 眼睛

由於眼睛大且稍微突出，所以很容易受傷，也容易發生問題。平日就要打開眼睛檢查是否受傷、有沒有變紅、是否有白濁的部分等。

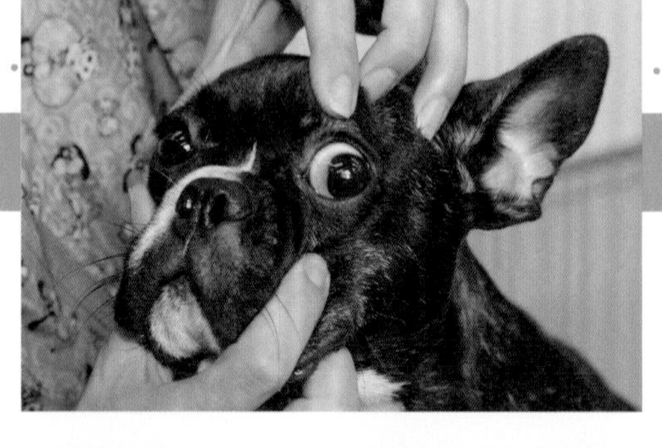

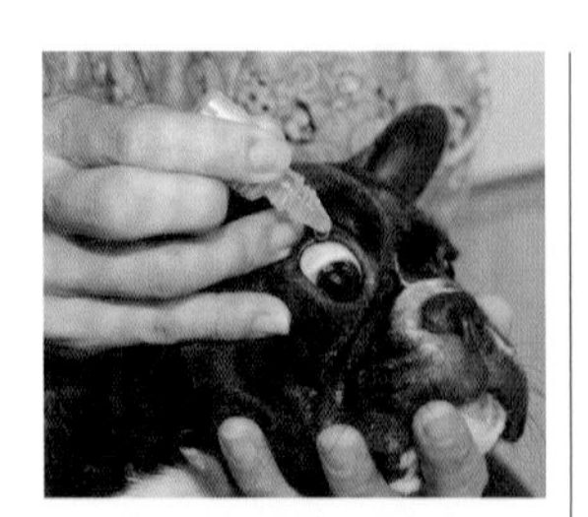

散步或外出回來後，替牠點眼藥水沖掉灰塵等，幫狗狗做護理。

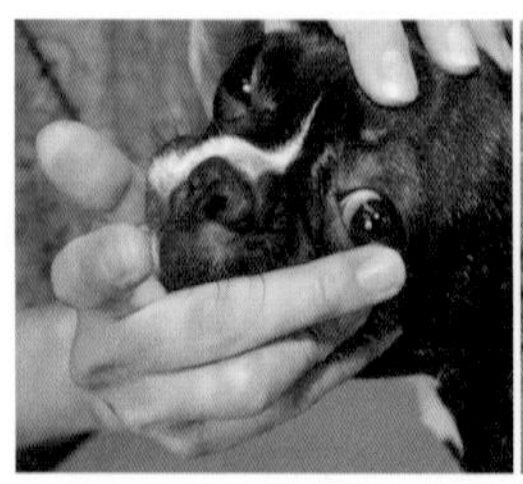

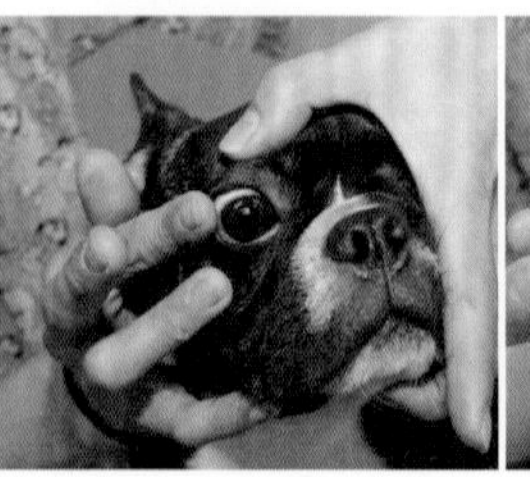

沐浴前要點上眼藥膏。在食指和中指塗上藥膏，一眼一眼地分別點入。這樣做是為了避免當其中一眼有感染性的問題時，會傳染到另一眼。

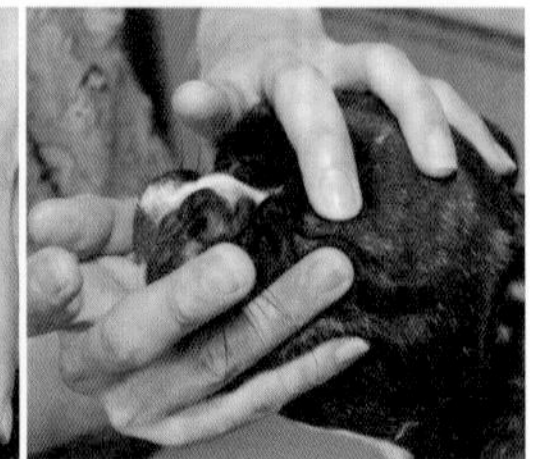

點入軟膏後，用手輕輕揉開，讓藥膏遍及全眼。

## 身體檢查 2 耳朵

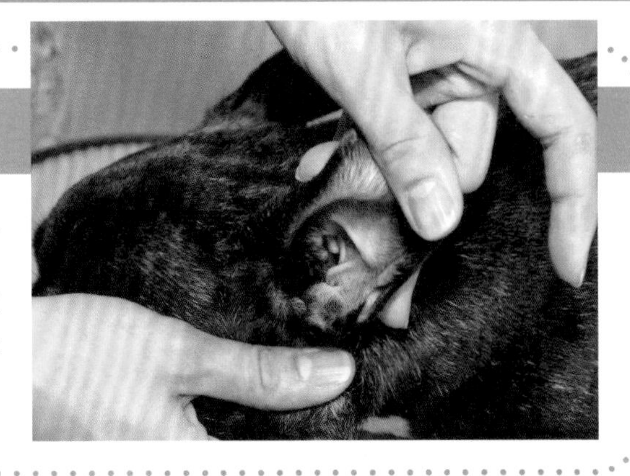

耳朵如果發癢，就會經常搔撓耳朵，或是甩動頭部。耳朵內部發炎的話，就會散發出不好的氣味，法國鬥牛犬本身也會變得不舒服。萬一耳內發炎變得嚴重時，甚至可能波及到中耳、內耳等，所以請定期幫狗狗清潔耳朵。

## 身體檢查 3 嘴巴周圍

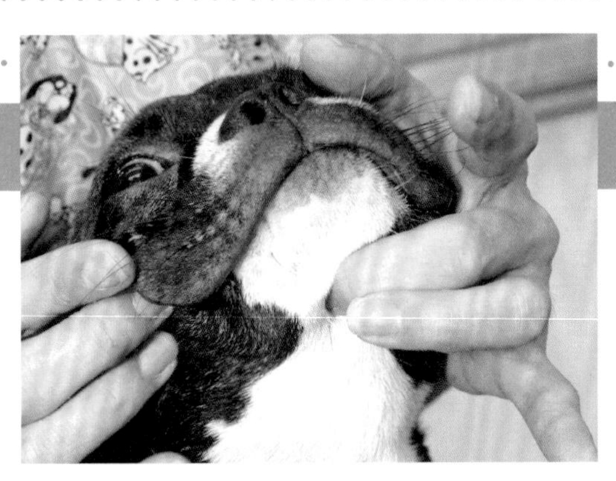

尤其是吃完飯後，特別會被口水或食物殘渣等弄髒。吃過飯後，請用濕毛巾將嘴巴周圍、顎下等包覆住般地輕輕幫狗狗擦拭。顎下或嘴巴周圍如果一直處在濕潤狀態，可能會成為濕疹或潰爛的原因。

## 身體檢查 4 皮膚

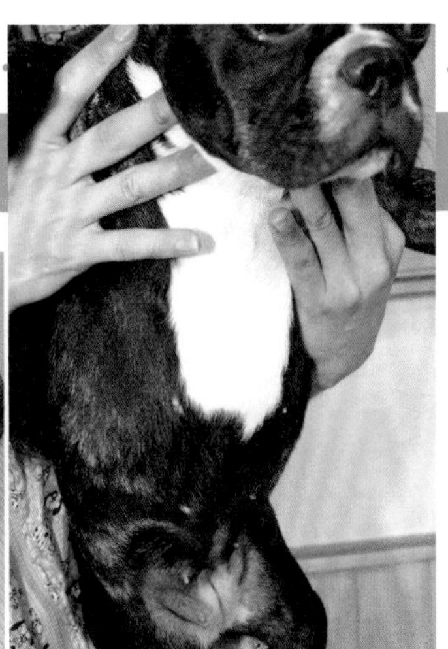

腋下和大腿內側、腹部等是容易出現異位性皮膚炎的部位。請注意觀察是否有發紅、產生濕疹等。

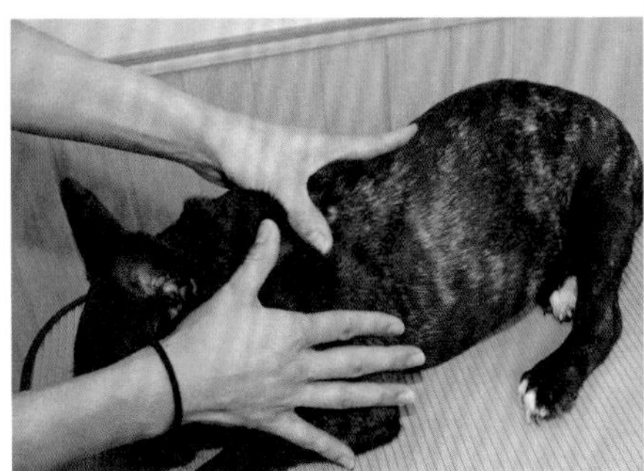

# 我很在意法國鬥牛犬的脫落短毛，有沒有什麼對策？

就狗狗的被毛來說，短毛種因為底毛密生，所以掉毛非常多。尤其是在換毛期的春天和秋天，更是會大量脫落。不過，近來因為大多是養在室內，所以實際情況是一整年中都在掉毛。只要一抱牠，就會有一堆毛黏在衣服上；只要摸牠幾下，也會開始掉毛。要對付這樣的掉毛，就只能勤於打掃室內和整理被毛了。還有，想要避免弄髒公共場所等，讓狗狗穿上衣服也是個方法。

對於掉毛過度神經質的反應，對狗狗而言並不好，請注意。

## 1 梳毛的方法

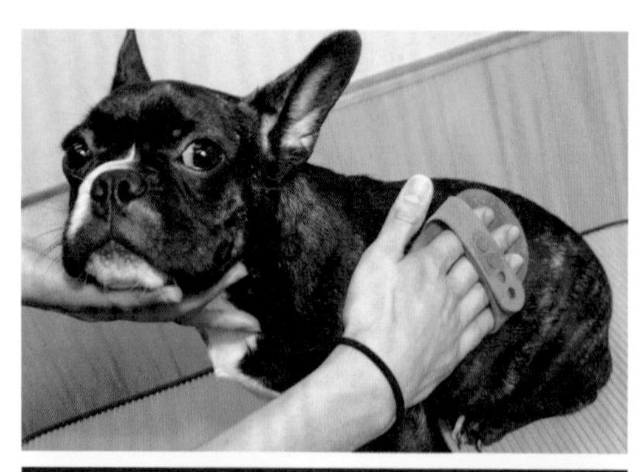

**橡膠刷**

橡膠製的刷子對皮膚和被毛比較溫和，也有按摩效果，能夠輕鬆地刷除掉毛。

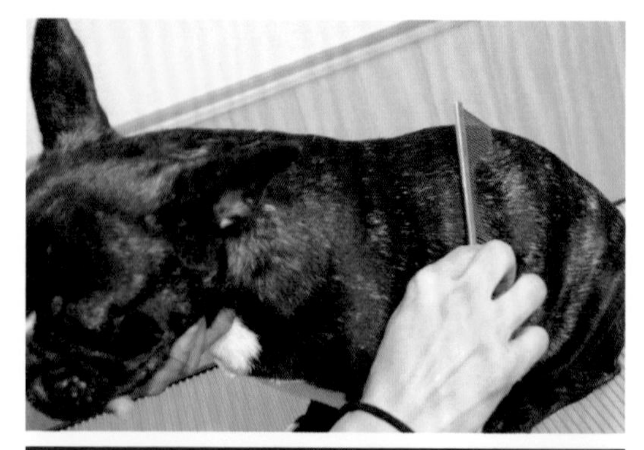

**排梳**

使用細齒梳仔細地梳理。排梳意外地容易梳掉底毛。

## 2 用濕濡的東西撫按

在碗或洗臉盆等器具盛冷水或溫水，將手沾濕後，撫摸法國鬥牛犬的全身。這是貓經常使用的方法，可以增添被毛的光澤，也能有效去除掉毛。另外，相同的方法用濕毛巾或蒸熱的毛巾來進行，也有相同的效果。

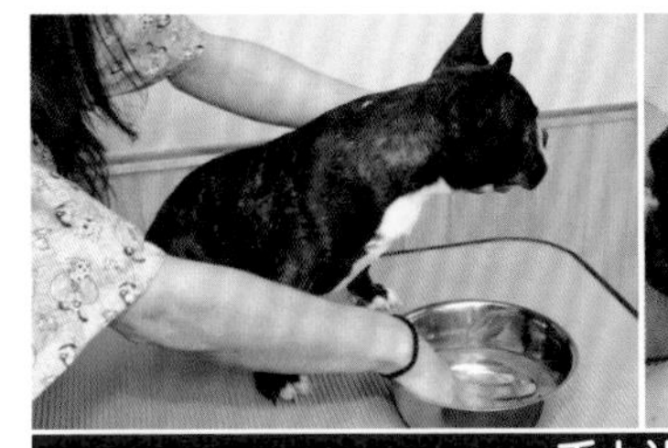
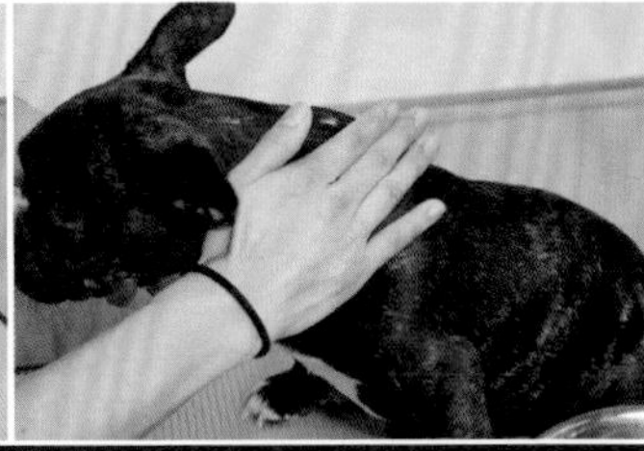

手上沾水

以濕毛巾擦拭

## 3 穿衣服

要到朋友家玩時，或是上寵物餐廳、前往旅館等公共場所時，最好在梳毛後讓狗狗穿上衣服再出門。享受季節感也是很有樂趣的。

# 趾甲長長了，走路時會發出喀嚓喀嚓的聲音，很讓人在意。

對於在室內生活的法國鬥牛犬來說，趾甲的整理非常重要。趾甲過長，不但容易損傷室內的木質地板或榻榻米，狗狗的腳趾也會張開而變得難以行走，對腕部和肩膀等也會施加多餘的力氣，傷害到肩關節和肌肉。此外，趾甲長而捲曲，可能會刺進蹠球中，所以請一點一點地幫狗狗修剪掉，或是用銼刀削短。最好使用美容桌等高檯來進行作業。

## 1 固定方法

**不要讓狗狗看到指甲剪**

看到指甲剪就不願意的狗狗，可採用這個方法。狗狗亂動時，就用手肘壓制牠的肩膀部分。

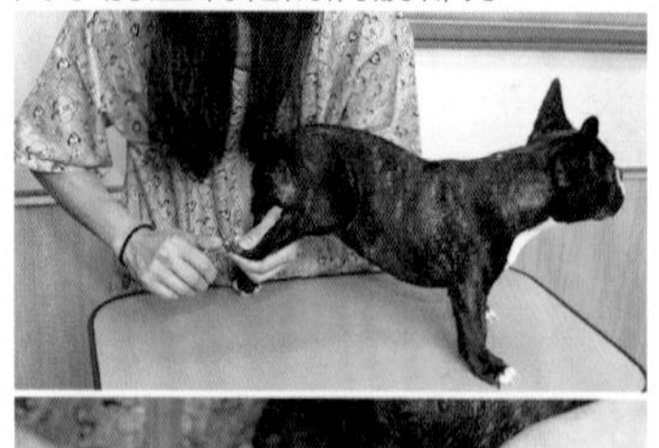

**從後面抱住，讓狗狗看到指甲剪**

如果是不知道別人要對自己做什麼就會感到不安的狗狗，請抱住牠，從前面作業讓狗狗看見。

進行美容作業時，如果狗狗躺在檯桌上會比較安心的話，就讓牠躺著來進行作業。

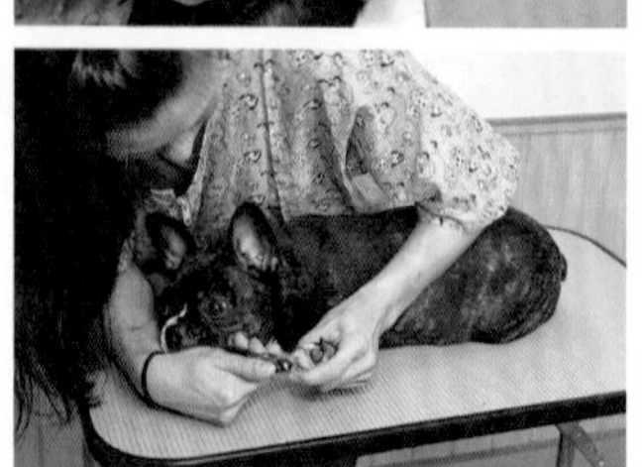

剪後肢的趾甲時，只讓前腳站在檯桌上；剪前肢的趾甲時，只讓後腳站在檯桌上，試著讓狗狗不能亂動。

## 2 修剪時的重點

狗狗的趾甲有血管通過。如果是白色的趾甲，因為可以看到血管，因此要修剪到血管末端前2～3mm處。而若是看不到血管、較難修剪的黑色趾甲，將腳往上提時，只要以長於蹠球高度的部分作為大致標準來進行修剪，就可以放心。不要一口氣就剪短，一點一點剪掉斷面稜角般地進行修剪。修剪過後，一定要用銼刀將修剪處的稜角磨圓。

剪好趾甲後，請陪牠一起玩，或是給牠零食獎勵吧！

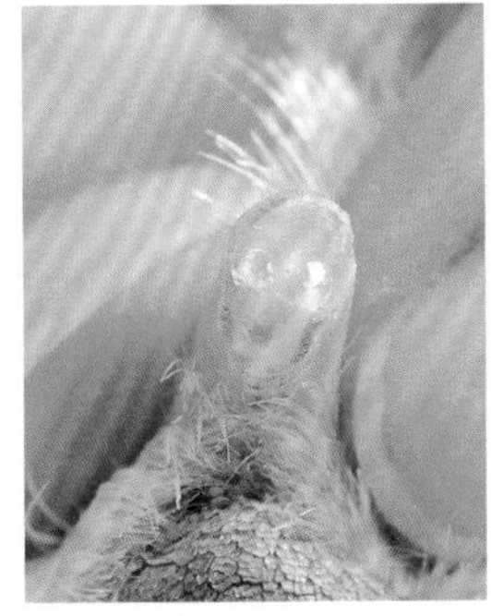

**白色趾甲的斷面**
可以清楚看見中心部的血管，所以很容易修剪。

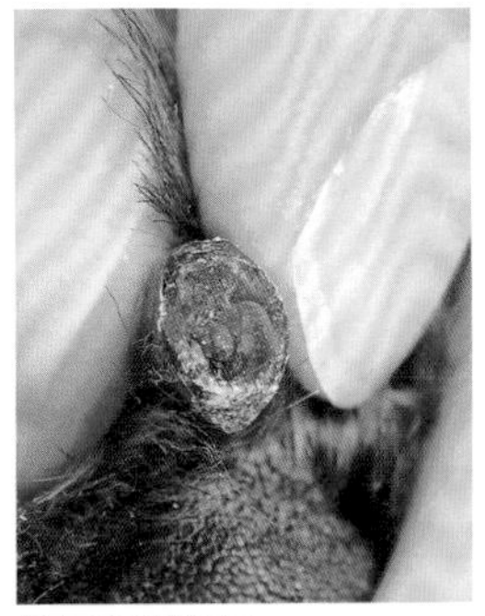

**黑色趾甲的斷面**
看不到血管，所以要一點一點地修剪。注意中心部的樣子，覺得快接近血管時就停止。

## 3 修剪方法

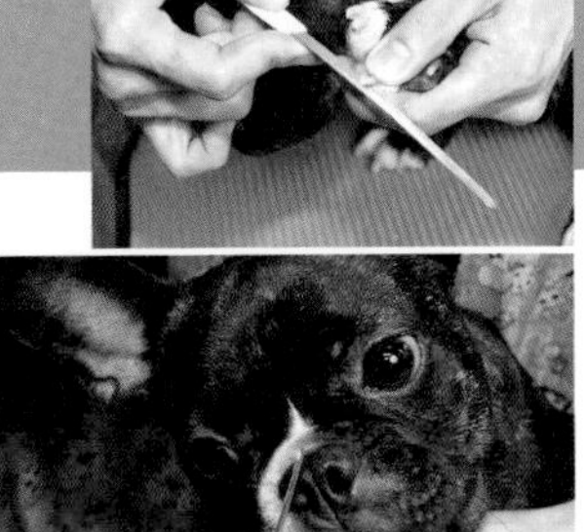

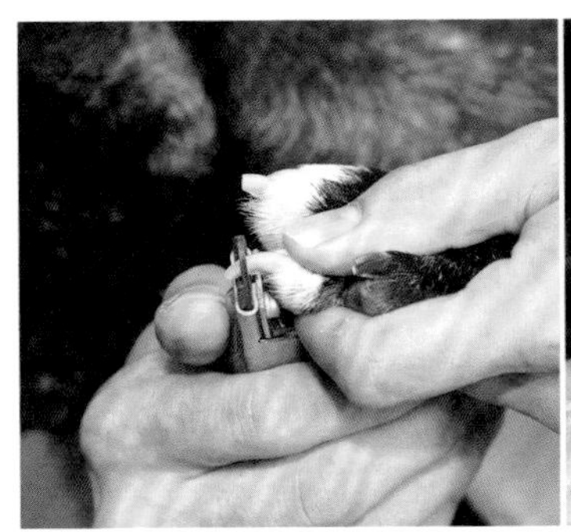

將要修剪的趾甲露出到可以看到根部，修剪末端。

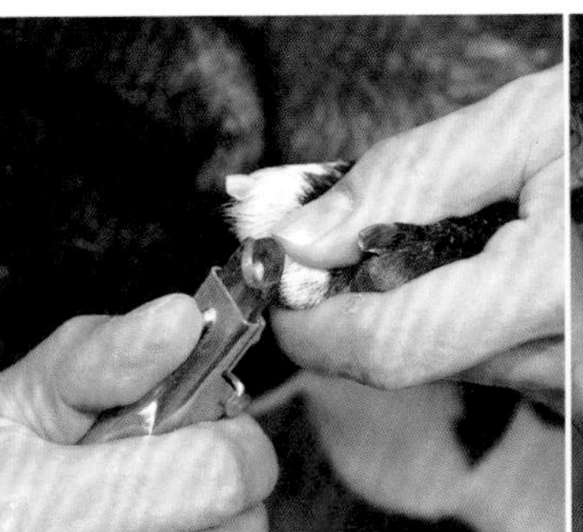

一點一點地修剪斷面，修掉稜角。

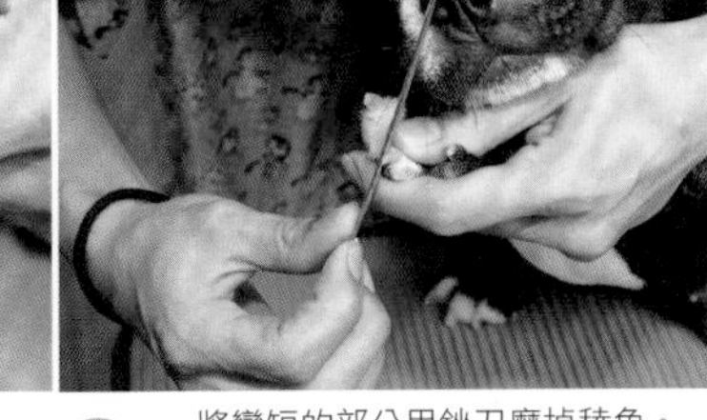

將變短的部分用銼刀磨掉稜角。

# 想打開牠的嘴巴，狗狗卻不願意。該怎麼讓牠好好刷牙呢？

對原本野生的狗狗來說，本來就沒有刷牙這回事。只是，和人類過著密切的生活，飲食生活等也發生了變化。因此，飼主必須照顧牠的牙齒和牙齦才行。

只要藉由幼犬訓練讓狗狗先習慣刷牙，通常可以順利進行。也就是說，最好讓狗狗從幼犬時就開始把刷牙當做是一項愉快的清潔作業。牙垢的附著有個體差異，有的狗狗從年輕時就開始會附著牙垢，有的狗狗則到了某個年紀後才會附著。

關於口腔衛生，人類也是一樣，尤其是有心臟疾病時更顯重要。因為口中的雜菌進入體內後，可能會導致情況惡化。不論是否有疾病，定期幫狗狗清潔牙垢、牙結石，也有助於維持健康。

## 1 讓狗狗習慣嘴巴被碰觸

如果在幼犬時能讓狗狗了解刷牙是快樂的遊戲，而且是很舒服的事，就能順利進行。先碰觸牠的嘴巴周圍，只要狗狗願意讓你碰觸，就給予獎勵品，反覆地進行。

接著，讓狗狗打開嘴巴，讓牠習慣被人碰觸口中和牙齒。同樣地，如果狗狗能打開嘴巴，也能讓你碰觸的話，就給牠獎勵品。另外，刷牙不只是刷表面，內側也要刷。

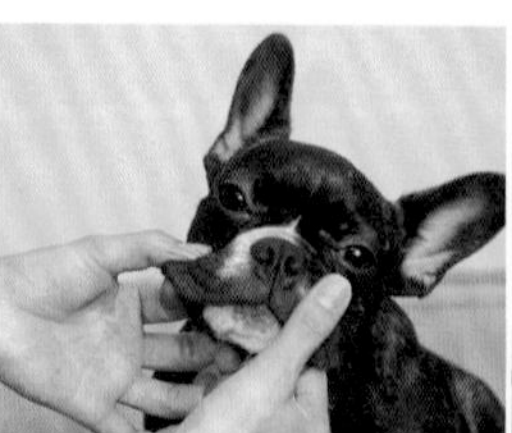

打開嘴巴，讓狗狗逐漸習慣牙齒被人碰觸。絕對不要讓狗狗覺得被迫做了討厭的事。

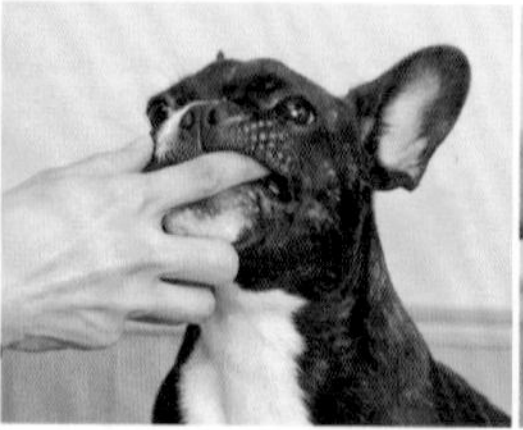

讓狗狗願意被人觸摸門牙和臼齒等所有的牙齒。

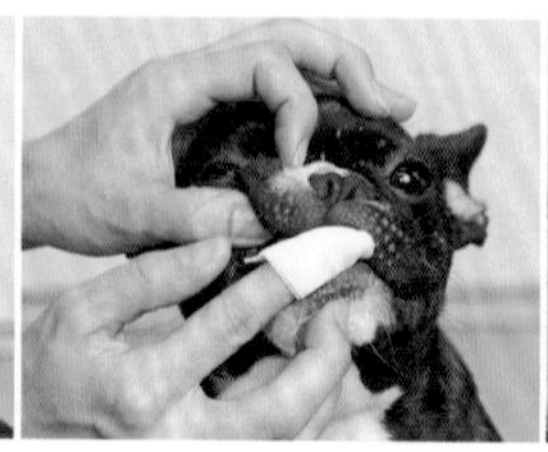

手指纏上紗布，輕輕擦拭門牙和旁邊的牙齒。

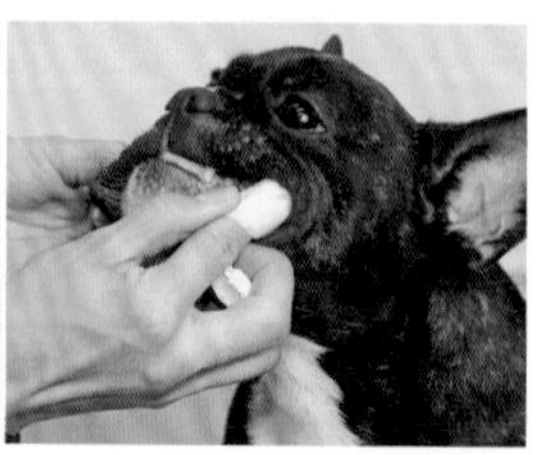

臼齒要從嘴巴旁邊開始擦拭。

## 2 使用牙刷

使用犬用牙刷，或是兒童用的牙刷。

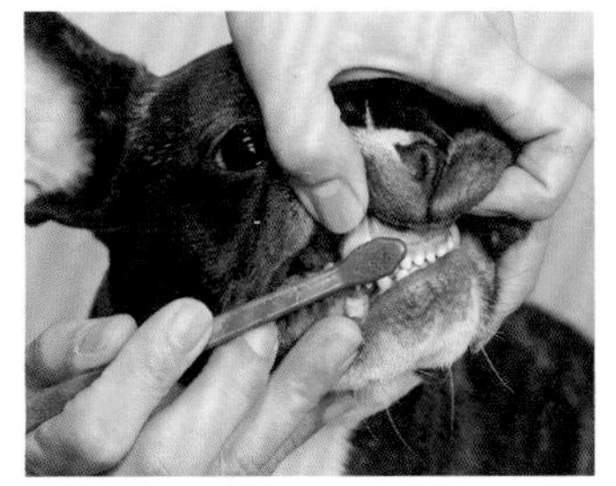

從前面刷上下門牙。

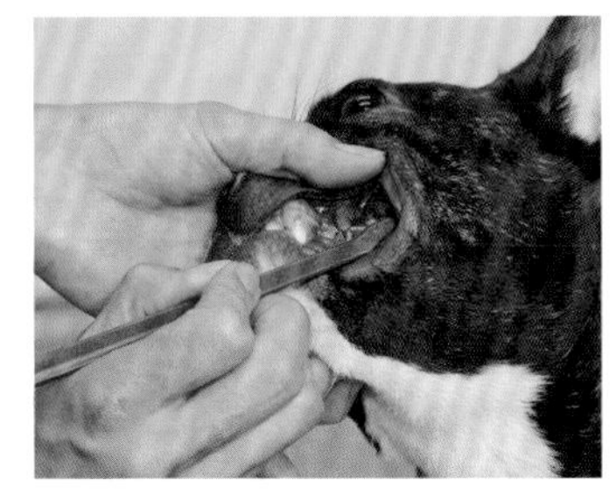

上下側面的牙齒和臼齒，好像按摩牙齦般地輕輕刷過。

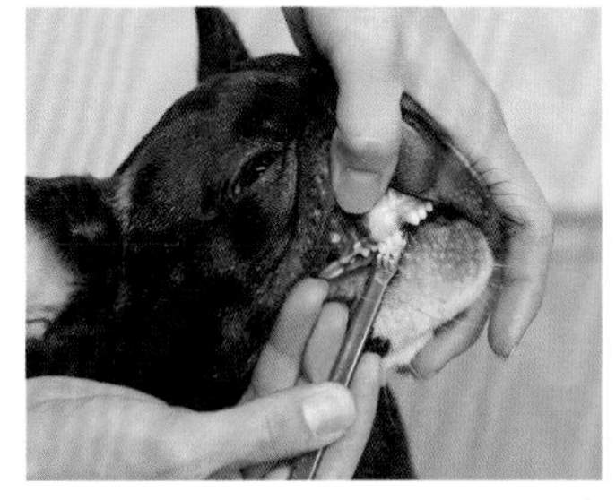

打開嘴巴，連牙齒內側也刷到就完成了！

### 去除已經附著的牙垢・牙結石的方法

使用牙刮也是個方法。一般牙垢只要用指甲摳一下就可以清除了，而且用手指的話狗狗比較不會排斥。非常嚴重的牙結石要用專用器具才能使它剝落，請交給熟練的寵物美容師或獸醫師來做吧！

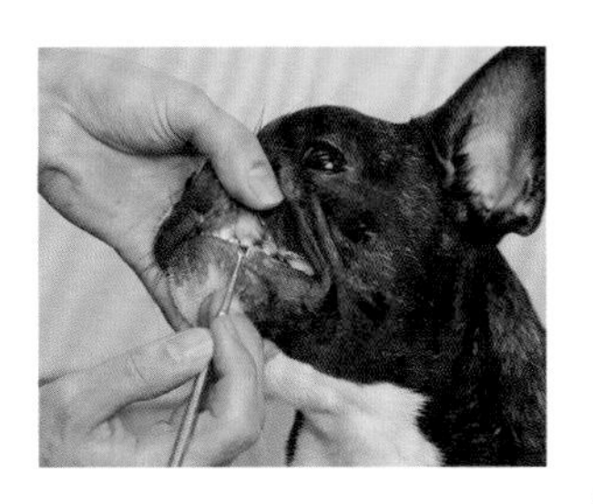

### 有刷牙效果的玩具和牛皮骨

如果狗狗非常討厭刷牙，除了多花點時間讓牠慢慢習慣之外，給予潔牙用的玩具和牛皮骨也是個方法。也可以用繩索型的玩具和牠玩拉扯遊戲，但結束時飼主一定要把玩具收起來。只養 1 隻時，不會發生搶奪玩具的情形，但如果飼養多隻的話，因為可能相互搶奪，所以必須區隔空間給予玩具。

### 口中的健康檢查

❶ 牙齦是否發紅？
❷ 牙齒是否變成褐色？
❸ 牙齒是否變成綠色？
❹ 有沒有難聞的口臭？
❺ 牙齒是否鬆動搖晃？
❻ 牙齦是否有出血？

# 耳朵清潔應該做到什麼程度才好呢？

法國鬥牛犬的耳朵是大大的立耳。不管是立耳還是垂耳的狗狗，都一樣會堆積耳垢，因此必須定期地幫牠清潔。耳垢堆積不加處理，會成為皮膚問題或耳朵疾病的原因，所以清潔工作非常重要。

另外，法國鬥牛犬也是好發異位性皮膚炎的犬種，耳朵內部很容易惡化。患有過敏的狗狗，耳朵內部也要好好護理才行。

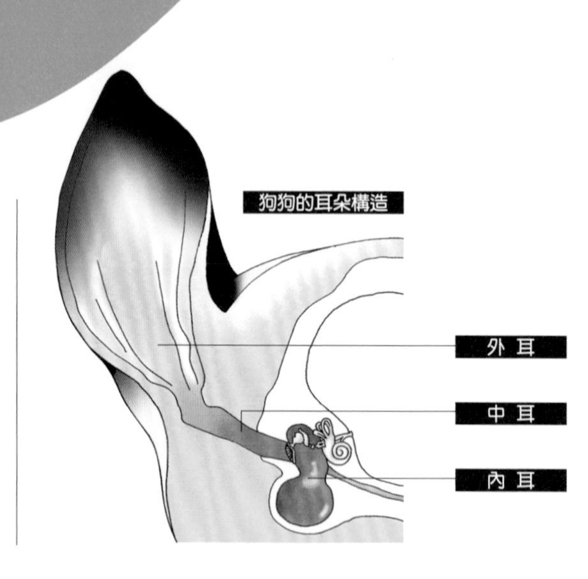


## 清理的方法

耳朵內部非常敏感，所以飼主要做清理時，只可清理耳朵內眼睛可以看到的範圍即可。絕對不可將棉花棒或鉗子深入到內部，以免將耳垢等推擠到更深處。將棉花沾上洗耳液，輕輕撫摩般地擦掉污垢。不妨請獸醫師診察一下耳朵內部的髒污情況吧！

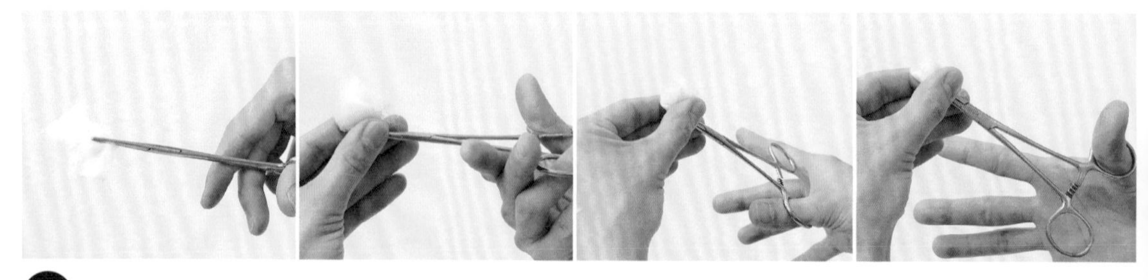

❶ 將棉花捲附在鉗子上。

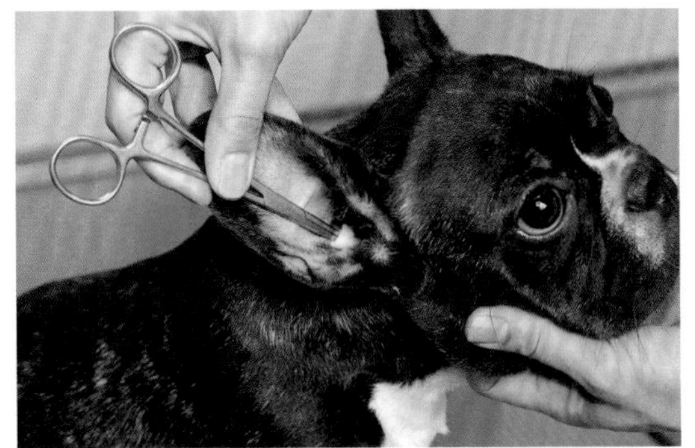

❷ 棉花沾上洗耳液，可以清楚看見耳朵內部的情況後，將鉗子像鉛筆一樣拿著，除去眼睛可見範圍內的污垢。

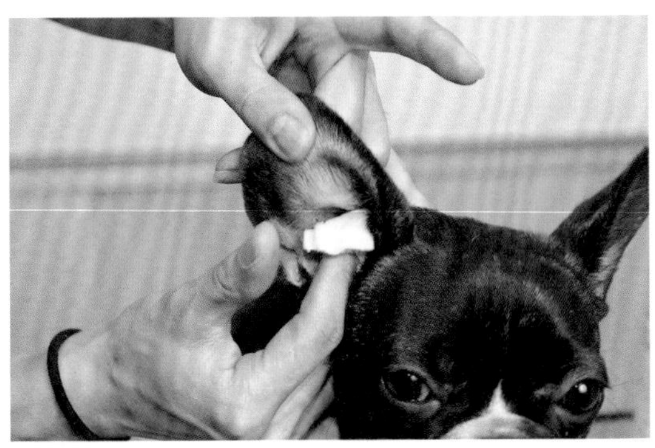

❸ 手指纏上紗布，沾取洗耳液，輕輕擦掉耳朵內側的污垢。

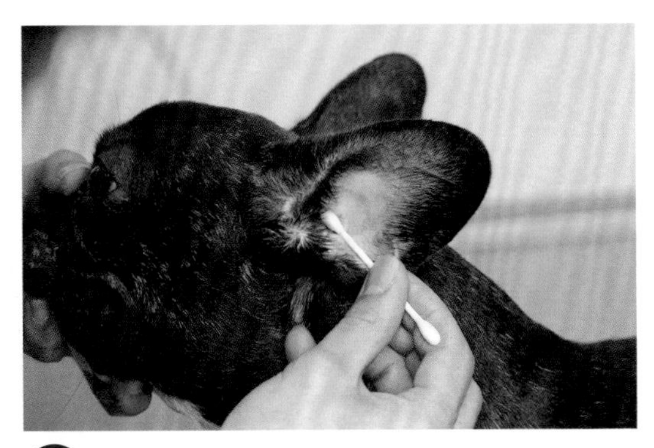

❹ 棉花棒沾上洗耳液，擦掉皺褶間的污垢。

## 絕對不能這樣做！

**① 將棉花棒深入耳朵內部**
這樣容易傷到耳朵內部，造成狗狗疼痛。此外，也可能會將污垢推擠到更深處。

**② 直接將洗耳液滴進耳朵裡**
這是造成問題的原因。如果要這樣做時，事前應接受專家的建議。

## 必須注意的耳朵疾病

如果愛犬頻頻搔撓耳朵，經常出現甩頭等動作時，請檢查耳朵內部。如果耳朵發出臭味、異常髒污的話，就可能是發炎了；如果狗狗顯得不喜歡被人碰觸耳朵時，就表示會疼痛。這時請趕快帶牠前往動物醫院。

**❶ 外耳炎**
由於細菌或真菌、過敏性、異物、耳垢等在外耳道引起發炎，會出現散發惡臭的耳垢。一旦惡化，耳殼會腫起或糜爛。

**❷ 中耳炎**
這是外耳炎的延伸，在比外耳道更內部的中耳發炎，也可能會引起發燒。因為是耳朵根部附近疼痛，所以不喜歡被人碰觸，有的狗狗可能會低吼或咬人。

**❸ 內耳炎**
這是位在耳朵最內部的內耳發炎了。原因並不是很清楚，可能會造成聽力衰退。

**❹ 耳疥蟲症**
一旦狗狗被寄生於耳中的「耳疥蟲」寄生，就會堆積黑色的耳垢。由於奇癢無比，因此狗狗會出現頻頻搔撓耳朵或是甩頭的舉動。感染力很強，會一隻傳一隻，尤其常見於年輕狗狗身上。幼犬要特別注意。

# 維持法國鬥牛犬的被毛美觀及健康的最佳梳毛方法是？

要管理短毛犬種的被毛，最重要的就是梳毛。梳毛不只是為了去除或預防掉毛，藉由梳毛刺激皮膚，也可促進新陳代謝。另外，觸摸全身也可以檢查身體，有助於發現異常。而這也是與愛犬交流上的重要作業。

由於法國鬥牛犬是短毛種，所以不用擔心糾結或毛球；不過掉毛很多，所以要仔細地幫牠梳毛。不只是身體，四肢和頸部、頭部、臀部周圍等也不要忘了。

## 1 橡膠刷

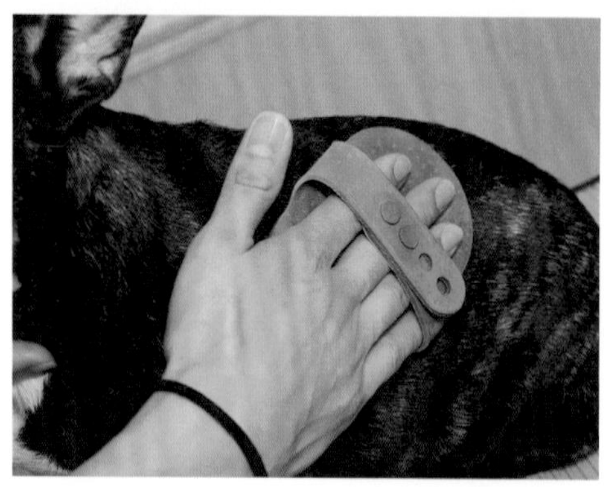

短被毛最需要的就是橡膠刷。可順著毛或是逆著毛刷理。另外，沐浴前先用橡膠刷梳毛，可去除許多被毛，讓吹乾作業多少變得輕鬆一點。

## 2 獸毛刷

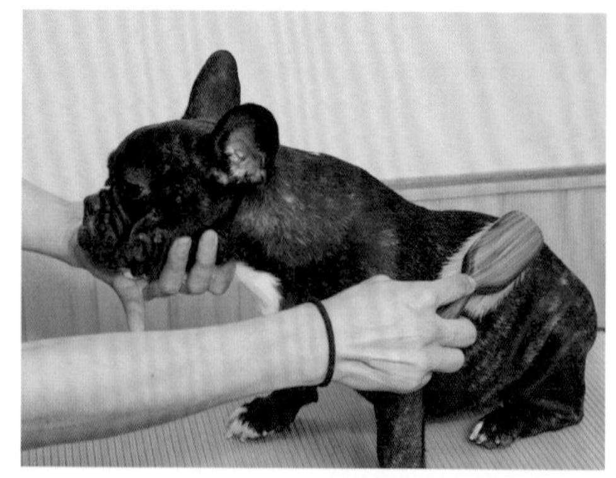

獸毛刷是必備的。以刷子毛端不齊者為佳，對皮膚也有按摩效果。還具有去除毛孔髒污、增加被毛光澤的效果。

## 3 排梳

用排梳的細齒梳梳開被毛。以儘量除去底毛的感覺平放梳子（貼著皮膚表面），轉動手腕仔細地梳理。

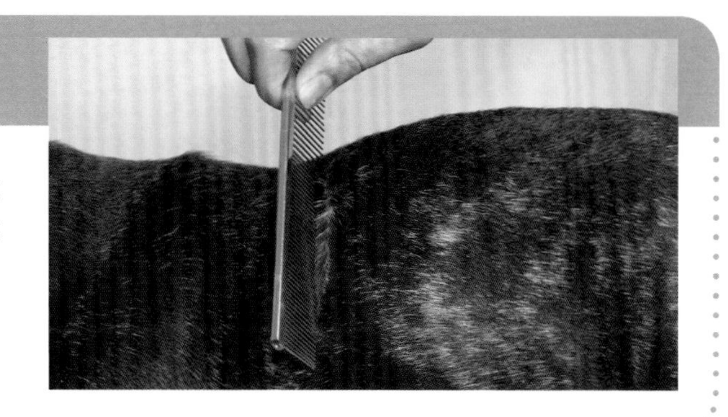

## 提升美麗度的修飾（Trimming）

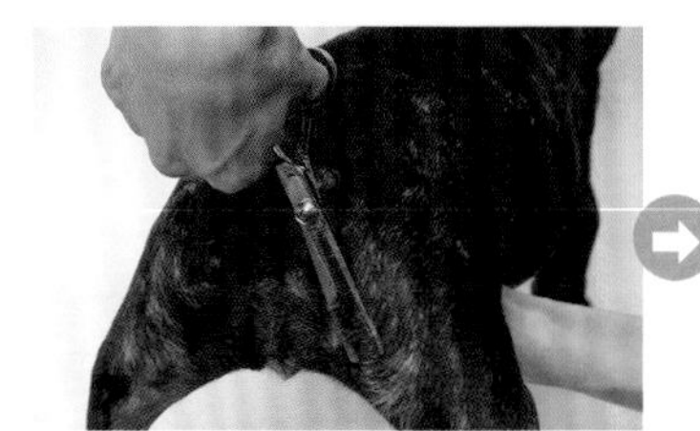
臀部的毛漩

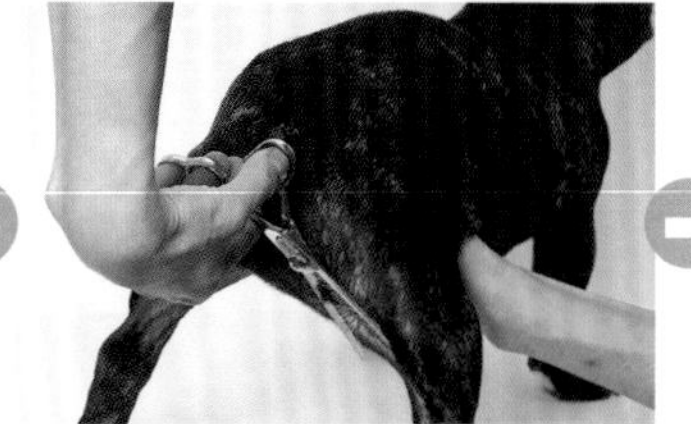
大腿部分

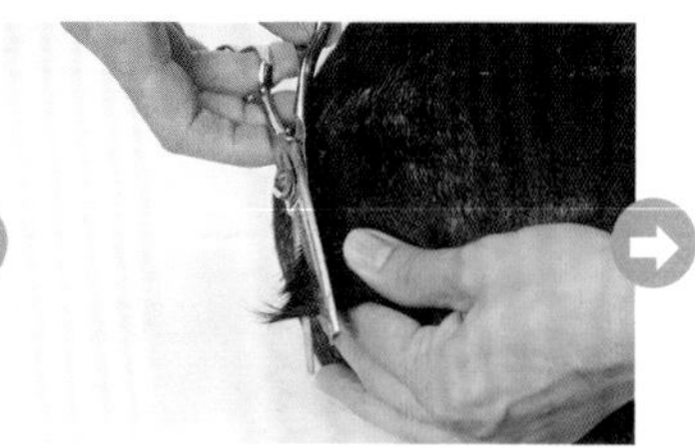
尾巴末端

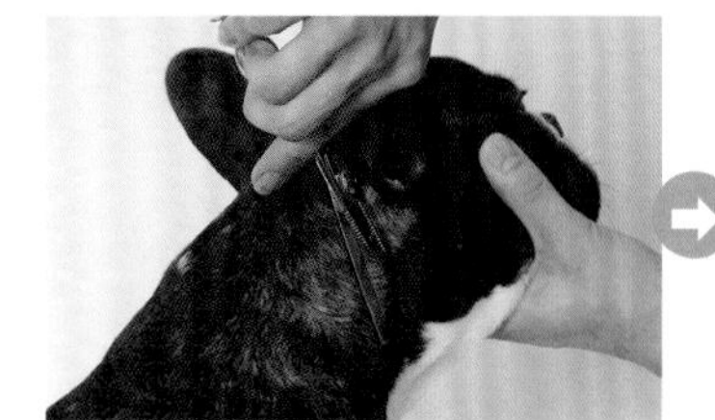
耳後

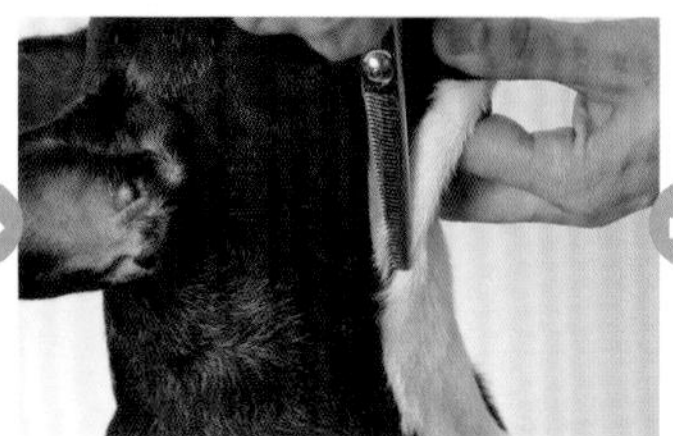
和白毛的交界處

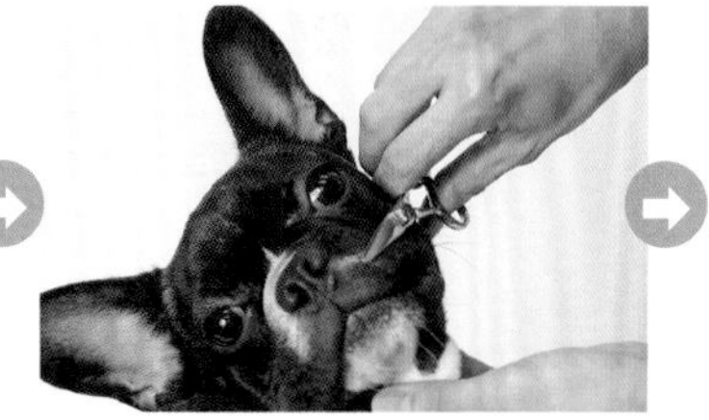
鬍鬚

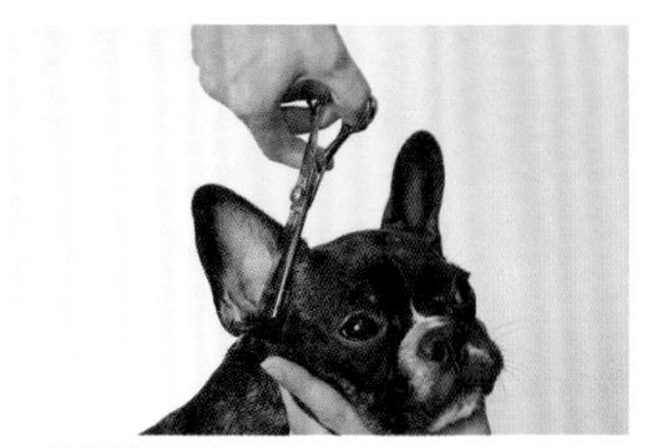
耳根部的內側

日常美容是不需要做修飾的，但如果想讓牠呈現法國鬥牛犬的風格，或是要參加狗展時，就要進行修飾。只需在一些小地方修剪，看起來就會有很大的不同哦！

# 因為愛犬皮膚不好，所以想經常幫牠洗澡……

法國鬥牛犬的皮膚較脆弱，大多常有過敏症狀或是腳尖、腹部等處皮膚發紅的情況，所以可增加沐浴的次數。藉由沐浴洗掉雜菌等，再充分吹乾，情況應該可以逐漸獲得改善。

健康的法國鬥牛犬想要減少掉毛，增加沐浴的次數也是一個方法。視情況而定，以一週1次或是一個月2次作為大致標準。

## 沐浴（Bathing）

由於法國鬥牛犬的皮膚問題較多，所以可先做過藥浴後，再進行洗毛作業。

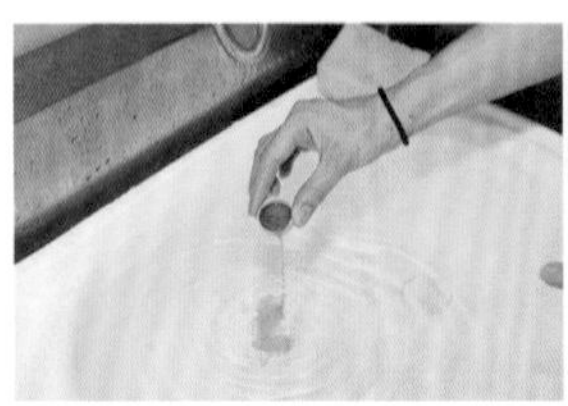

❶ 在嬰兒浴盆中放入溫水，倒入藥浴用的液劑。在家中進行時也可用少量的入浴劑代替使用。

❷ 讓藥浴劑均勻溶入水中。

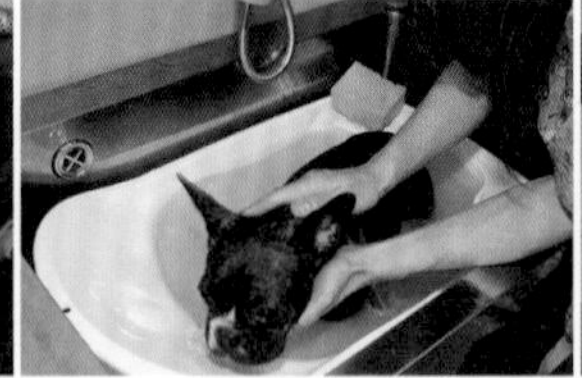

❸ 狗狗進入後，潑水讓狗狗全身都被浸濕，進行按摩。

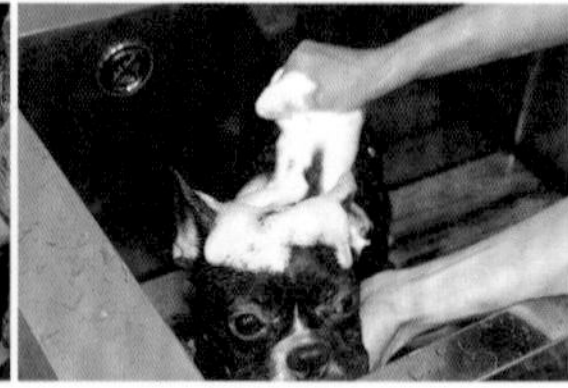

❹ 藥浴大致結束後，將浴盆的水放掉，接著進行洗毛作業。不需將藥浴沖洗掉，直接加洗毛精起泡，清洗全身。

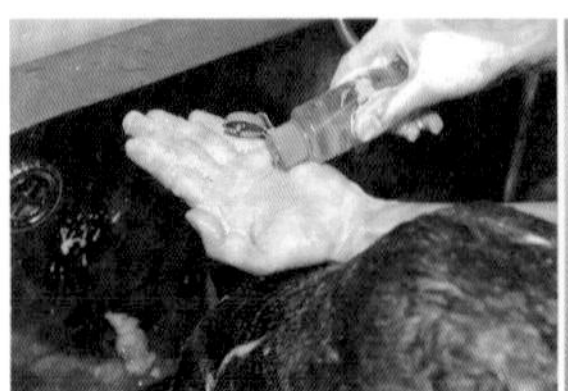

❺ 如果腳尖發紅時，就抹上藥用的洗毛精。

❻ 清洗腹部。

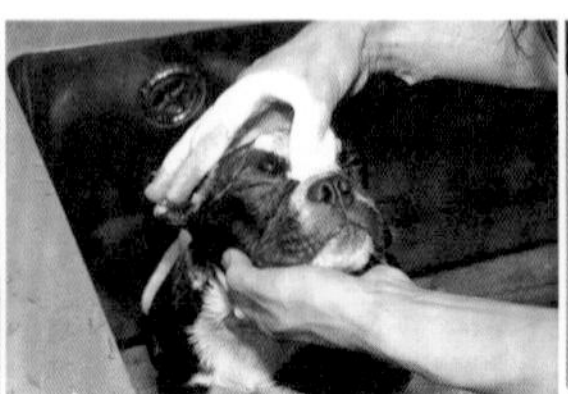

❼ 頭部、臉部用泡泡輕柔地搓洗。

❽ 任何時候都可以擠擰肛門腺，但洗澡時進行可以直接沖掉，比較輕鬆。

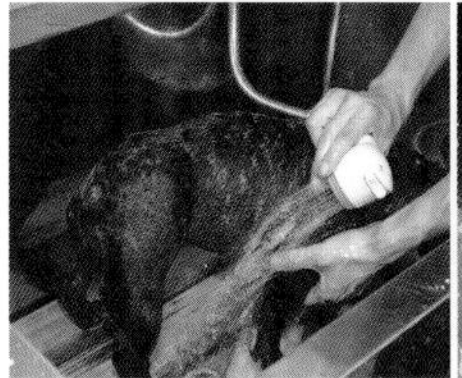

❾ 洗毛作業結束後，用蓮蓬頭沖洗乾淨。腋下、大腿內側等也別忘了。等毛變得澀澀的時候就是沖乾淨了。

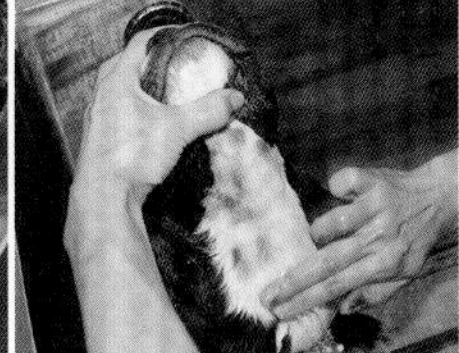

❿ 白毛要用白毛專用的潤絲精，沖過一遍。

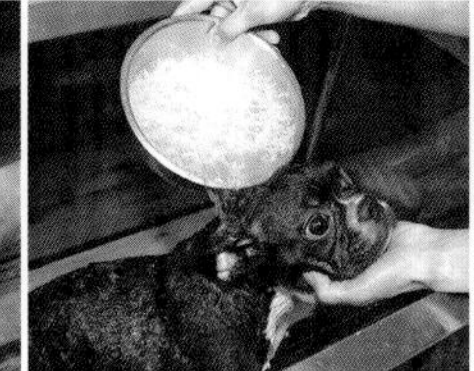

⓫ 在盆中盛裝稀釋後的潤絲精，慢慢淋在全身。

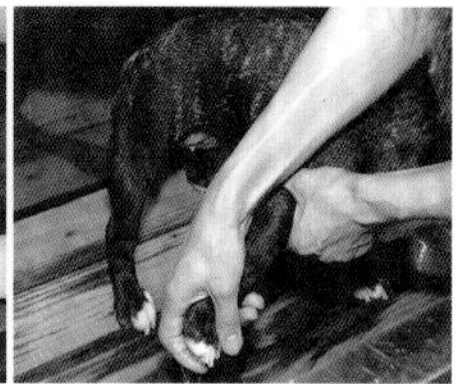

⓬ 以蓮蓬頭沖洗乾淨即可。

## 吹乾作業

沐浴作業完成後，讓狗狗盡情地甩動身體。然後用浴巾包覆全身，除去水分。

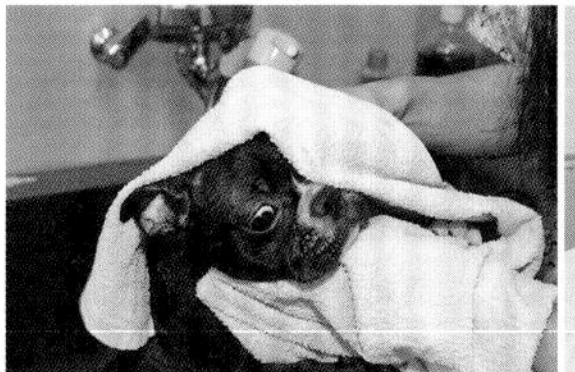

❶ 從臉部開始擦拭。

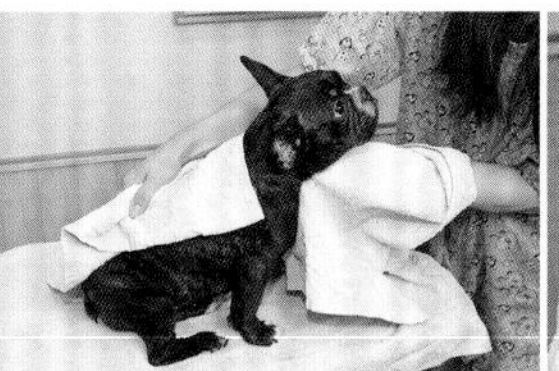

❷ 在可使用吹風機的作業檯上，再一次充分擦拭全身。

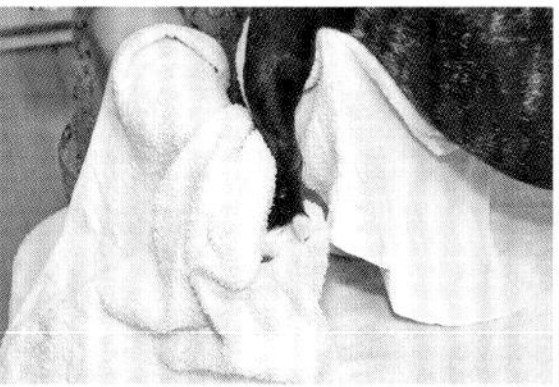

❸ 擦拭到四肢和腳尖後，接下來就是吹乾作業了，因此以浴巾拭乾的作業必須要充分做好才行。

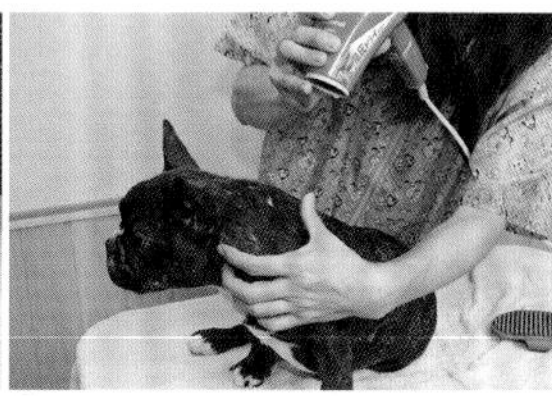

❹ 因為是短毛種，所以吹乾作業要儘量在短時間內完成。一邊用手背去感覺熱度，迅速吹乾。

❺ 除了身體，四肢也要吹乾，避免遺漏。

❻ 尾巴的部分也要吹乾。

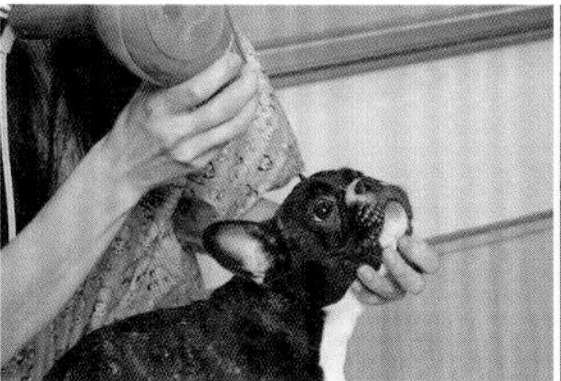

❼ 將風速調弱。

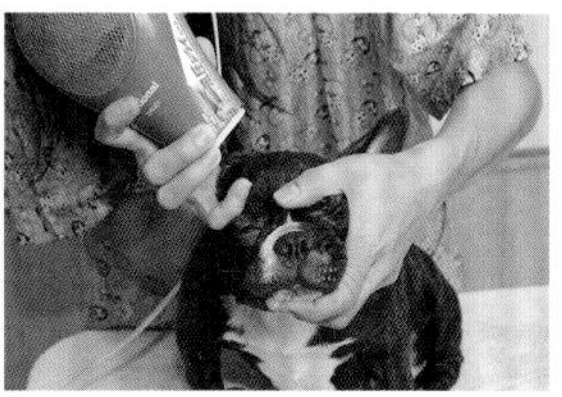

❽ 吹乾臉部時，要將狗狗的眼睛閉上。

❾ 最後噴上護毛劑。

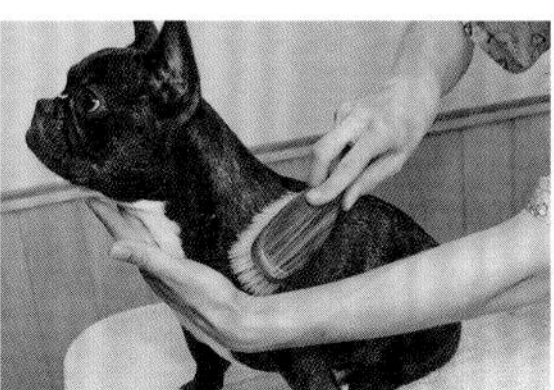

❿ 以獸毛刷梳理。

⓫ 也可以將護毛劑噴在獸毛刷上再梳理。

# 就算是法國鬥牛犬，也想交給寵物美容室進行美容……

法國鬥牛犬的美容整理相較之下雖然簡單，但有些狗狗會排斥洗澡之外的美容，這時就得委託寵物美容室了。寵物美容室現在是四處林立，可能開在居家用品大賣場裡，或是大型購物中心裡；也可能是開在住宅區中的小巧雅致美容室，或是附設有狗狗咖啡廳或狗狗運動場，甚至是採取複合式經營等，融入了其他令人感到愉快的要素。

不管看起來是多麼乾淨、令人愉快的地方，要能夠安心地託付愛犬，店長或寵物美容師的能力和想法、人品等的部分才是更重要的！因為這些要素和所有的事情都是息息相關的。此外，老闆或店長對寵物業界和貓狗方面是否精通、寵物美容師是否擁有證照等等，也都是判斷基準。

## 選擇重點  店內的清潔度

寵物店是處理動物的地方，難免會有味道，不過若是一進入店中，氣味馬上撲鼻而來，讓人想立刻離開的話，就只能認定是非常怠於清掃了。在以前，像這樣的店非常多，現在雖然變少了，不過卻仍然存在。除了店內，進行修飾作業的房間或寄放狗狗的房間，雖然也會有某程度的氣味，不過還是檢查一下，看看店家是否經常用心清掃吧！

## 選擇重點 2 進行詳細的面談

如果是第一次前去的話，對方一定要詳細告知關於顧客和狗狗的各項資訊。也可能會由顧客填寫資料卡。而關於修飾方面，除了飼主要告知自己的想法外，也請詢問一下專業寵物美容師的意見。從專業角度看到的情況和飼主的希望可能會有差異，重點在於要將狗狗放在第一位。

還有，誠實回答問題也很重要。即使是專家，也會有不懂的事情，如果對於不了解的事能採取加以調查的應對態度，那就太好了。

尤其法國鬥牛犬並非修飾犬種，所以倒不如說對方是否充分了解法國鬥牛犬的被毛、皮膚和健康上的相關事項，才是重點所在。

## 選擇重點 3 能好好地接受抱怨

例如，如果是長被毛的犬種，對於完成修飾後的造型，想要這裡再剪短一點啦、那邊稍微再修圓一點啦、或是趾甲流血了等等，對於這些問題能否迅速坦率地應對也是重點所在。就短毛種的法國鬥牛犬來說，在修剪上飼主應該是不會有什麼抱怨，不過有時也會需要修剪鬍鬚或是臀部的毛漩，因此不妨事先與寵物美容師溝通一下。

# 法國鬥牛犬的歷史和特徵

## 始於法國，確立於美國

關於法國鬥牛犬的起源有好幾種說法，不過可以確定的是，牠的祖先是「英國鬥牛犬」。1860 年前後，由英國眾多的英國鬥牛犬所培育出的玩賞犬種之一為其祖先，似乎是非常有力的說法。

這些玩賞犬種並未受到英國人的喜愛，有許多都被送到法國，在那裡和各種不同的犬種交配，最後終於獲得法國貴婦們的喜愛，甚至成為和她們在咖啡店一起度過午茶時光的伴侶。

當時，幾乎沒有所謂類型的統一性，有「玫瑰耳」，也有「蝙蝠耳」。蝙蝠耳在後來被認定為法國鬥牛犬最明顯的特徵之一。

法國鬥牛犬有 2 個引人注目的特徵。一個是顯著的特徵「蝙蝠耳」，另一個則是「頭蓋（skull）」。正確形成的頭蓋在兩耳間是平坦的，從眼睛上方到額頭間略呈弧形，呈現圓頂狀的外觀。這 2 個特徵相輔相成，更加突顯出法國鬥牛犬獨特的風貌。

形狀獨特的蝙蝠耳，其實是熱心的美國玩賞家們精心培育的結果。由於歐洲初期的繁殖傾向偏重玫瑰耳，若是再這樣下去，就會失去強調個性的特徵，而單純地變成英國鬥牛犬的迷你型了。現在的法國鬥牛犬之所以有法國鬥牛犬的模樣，並不是在法國，而是在美國所確立的。

在美國確立為犬種，毫無疑問是從薩米爾・戈登柏格（Samuel Goldenberg）夫婦在 1904 年進口 ch.nellcote Camin 開始的。加上 Camin 後，美國國內已經有相當數量的犬隻存量，所以要創造出世界最美的法國鬥牛犬，已經不需要再依賴進口的犬隻了。Camin 是接近完美的法國鬥牛犬，而成為活躍的種犬。要找到沒有牠的基因的法國鬥牛犬幾乎是不可能的。

## 獨具特徵的耳朵大為活躍！　法國鬥牛犬的「耳朵語言」

機敏靈活的耳朵

休息的耳朵

受傷的耳朵

探索的耳朵

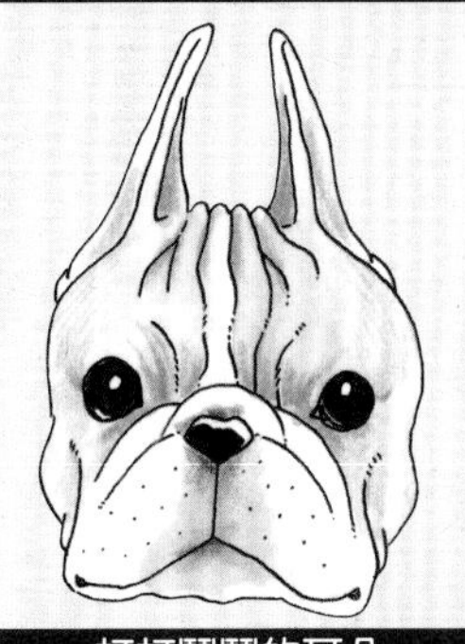
打打鬧鬧的耳朵

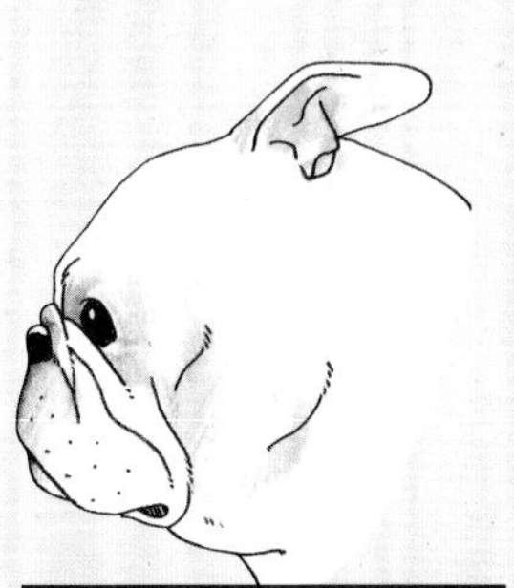
服從的耳朵

劍耳（高速追蹤）

好奇心的耳朵

嚇一跳的耳朵

興奮的耳朵

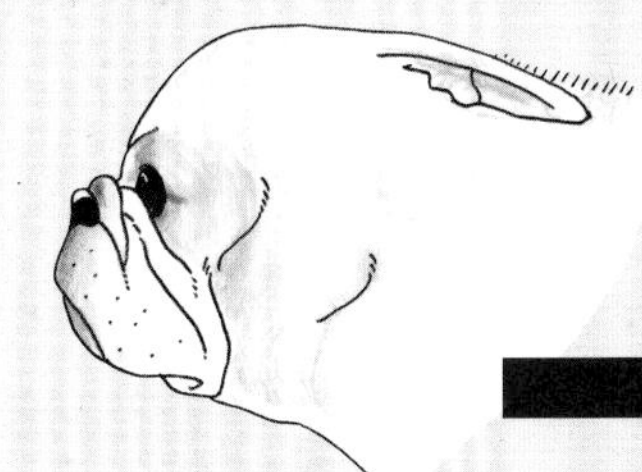
害怕的耳朵

# 法國鬥牛犬的標準體型

## 法國鬥牛犬的理想姿態是？

理想的法國鬥牛犬是擁有良好平衡、構造簡潔的健全狗狗。具有活潑好動又充滿知性的外觀，被毛滑順，擁有中型或小型的紮實骨架，是肌肉發達的狗狗。體重上雖有變化（AKC 的標準是 28 磅，稍多一點是可以認同的），不過理想且較普遍的體重是 19 ～ 20 磅（約 8.6 kg～ 9.1 kg）。

以法國鬥牛犬的表情來說，像英國鬥牛犬般難以討好又愛打架的的表情並不受到喜愛，應該要經常洋溢著快樂嬉戲、充滿陽光的健康表情。牠擁有對於飼主深厚的愛情、溫和的個性，也有可靠之處。活潑、愛玩，但卻不會吵著要黏人，最適合作為共同生活的伙伴。

這幾年，以都心部為中心，法國鬥牛犬已被年輕人和年輕世代的夫妻所接受，在日本國內外也經常可見文化人或創作家們飼養法國鬥牛犬的情景。

法國鬥牛犬被引進到日本是大正年間的事。一直到到昭和初期，似乎有大量的法國鬥牛犬受到飼養，而在日本成為較古老的犬種。

說到法國鬥牛犬的一般外貌，就是「如蝙蝠翼般的耳朵，方形的頭部，又大又圓的眼睛，短而寬的口吻，向上翹的下顎，軀體短，滑順有光澤的短毛，給人矮胖感的小型犬」。

性格是「活動力強且富知性，個性開朗，對人不怕生，喜歡遊戲。對主人和小孩都有豐富的愛情」。還有，最重要的是絕少亂吠。這是多數玩賞家都頗為認同的事。因為幾乎沒有吠叫的情況，所以不管是在都會還是公寓裡都很適合飼養。

## 由插圖來看標準的法國鬥牛犬

頭部非常粗壯、寬闊、呈方形。頭部皮膚有對稱的褶襞和皺紋。頭部從顎骨到鼻子較短是其特徵，頭蓋不長，但有寬度。

頭蓋寬闊，幾乎是平坦的，前頭部非常發達。

耳朵中等大小，根部寬廣，末端呈圓弧形。位於頭部高處，但彼此不會過度接近，立耳的開口部朝向前方。

頸部短，稍微拱起。

背部是水平的，在腰部變高，朝向尾巴急遽降下。這種構造非常重要，腰部很短。

尾巴短，在臀部較低的位置上，沿著臀部貼附。尾根較粗，自然地扭擰成螺旋狀，越往末端越細。

後肢強而有力，肌肉結實，後腳比前腳長一點點，所以後半身較高。從後面看，兩腳是垂直、平行的。

眼睛呈現活潑的表情，位置較低，距離鼻子遠，位在遠離耳朵的位置上。眼珠顏色是黑色，又大又圓，微微突出。

鼻子幅度寬，非常短而朝上，鼻孔充分打開且對稱，往後方傾斜。

口吻極短，寬闊，朝向上唇方向形成共有中心的對稱性褶襞。口吻的長度為整個頭部長度的 6 分之 1。

下巴寬而四方，強而有力。

前腳呈垂直，從前面看，兩腳距離得滿遠的。

胸部為圓筒形，下沉得非常低，肋廓是圓桶狀，帶有極大的弧度。

前足是圓的，面積較小，亦即貓腳。略微朝向外側，腳趾緊實，趾甲短且厚，充分分離。蹠球又厚又硬，呈黑色。如果是虎斑色的，一定要是黑色趾甲才行；如果是雜色或黃褐色的，也以黑色趾甲為佳，不過淺色趾甲也不會被判失格。後足應非常緊實。

被毛美麗、滑順，密著在身體上，帶有光澤且柔軟。

毛色

- 黃褐色、虎斑色，及各種毛色上有少許的白斑。
- 雜色是在白色底色上有黃褐色或虎斑色的毛。
- 黃褐色的色調從紅色到淡褐色（咖啡牛奶色）都有。全身皆為白色時會被分類在「雜色」中。鼻子顏色很黑，眼睛也為黑色，連眼瞼都是黑色時，即使臉部色素有某種程度的不足，也會破例被認定為犬質優異的狗。

# 看懂血統書的方法

「血統書」就是記載該犬隻是由怎樣的家系所生出的家譜。

以前為了交配出純種狗，繁殖者們將曾經和什麼樣的犬隻交配、數代中生了幾隻狗狗等資訊視為非常重要的資料。這樣的歷史當然是脈脈相傳了下來，即便到了現代，也仍具有重要的意義。毋寧說到了現代，血統書的意義更為重要。

在近來成為問題的遺傳性疾病（關於遺傳性疾病，詳細請參照 134 頁）上，藉由不使用已發病的犬隻來進行繁殖，已經能夠對許多疾病加以預防。

此外，訓練競技會、狗展、野外測試等比賽的成績結果也會被記載下來，所以能夠知道該犬隻的能力。

血統書由各犬種團體發行。有像下方的日本畜犬協會（JKC）一樣針對所有犬種的團體，也有只針對德國牧羊犬或可利牧羊犬等單犬種發行血統書的團體。像 JKC 這種已受國際認可的團體，可以在國外換發血統書；反之，從國外帶回來的狗狗也可以在日本換發。

血統書是證明該犬隻所有資料的文件，所以是否由可信賴的機構所發給是非常重要的。

## 日本畜犬協會的血統書

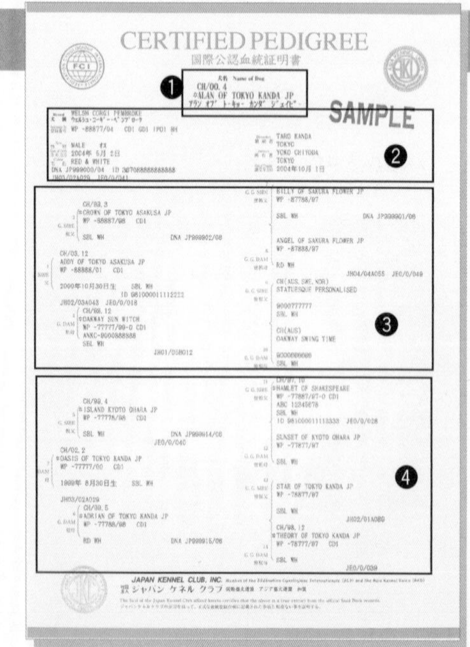
CERTIFIED PEDIGREE
國際公認血統証明書

❶ 犬名 Name of Dog
CH/00.4
☆ALAN OF TOKYO KANDA JP
アラン オブ トーキョー カンダ ジェイピー

SAMPLE

❷
WELSH CORGI PEMBROKE
ウェルシュ・コーギー・ペンブローク
WP -88877/04 CD1 GD1 IPO1 WH
MALE オス
2004年 5月 2日
RED & WHITE
DNA JP999000/04 ID 3670888888888888
TARO KANDA
TOKYO
YOKO CHIYODA
TOKYO
2004年10月 1日

❸
CH/93.3
☆CROWN OF TOKYO ASAKUSA JP
WP -88887/98 CD1
SBL WH DNA JP999902/08
CH/03.12
ADDY OF TOKYO ASAKUSA JP
WP -88888/01 CD1
2000年10月30日生 SBL WH
ID 981000011112222
JH02/03A043 JE0/0/018
CH/98.12
☆OAKWAY SUN WITCH
WP -77777/99-0 CD1
ANKC-9000888888
SBL WH
JH01/05B012
BILLY OF SAKURA FLOWER JP
WP -87788/97
SBL WH DNA JP999901/06
ANGEL OF SAKURA FLOWER JP
WP -87888/97
RD WH
JH04/04A055 JE0/0/049
CH(AUS, SWE, NOR)
STATUESQUE PERSONALISED
9000777777
SBL WH
CH(AUS)
OAKWAY SWING TIME
9000888888
SBL WH

❹
CH/99.4
☆ISLAND KYOTO OHARA JP
WP -77778/98 CD1
SBL WH DNA JP999914/06
JE0/0/040
CH/02.2
☆OASIS OF TOKYO KANDA JP
WP -77777/00 CD1
1999年 8月30日生 SBL WH
JH03/02A029
CH/99.5
☆ADRIAN OF TOKYO KANDA JP
WP -77788/98 CD1
RD WH DNA JP999915/06
CH/97.10
☆HAMLET OF SHAKESPEARE
WP -77887/97-0 CD1
ABC 12345678
SBL WH
ID 981000011113333 JE0/0/028
SUNSET OF KYOTO OHARA JP
WP -77877/97
SBL WH
STAR OF TOKYO KANDA JP
WP -78877/97
SBL WH
JH02/01A080
CH/98.12
☆THEORY OF TOKYO KANDA JP
WP -78777/97 CD1
SBL WH
JE0/0/039

JAPAN KENNEL CLUB, INC.
ジャパン ケネル クラブ

此血統書為樣本版，是威爾斯柯基犬的樣本。

血統書的書寫格式依各團體而異。左方介紹的是日本最大的犬種團體 ・JKC 的血統書。在此介紹各部分的內容。

### ❶ 犬隻的名字

狗狗的名字是由名字和犬舍名組合而成的。最後面的 JP 表示該犬舍已在世界畜犬聯盟（FCI）登錄。因為這個正式名稱非常長，所以平常大多以略稱（呼名／ Call Name）來叫名字。

### ❷ 該犬隻的資料

上面記載有犬種名、登錄號碼、性別、出生年月日、毛色、DNA 登錄號碼、ID 號碼、髖關節評價、肘關節評價（JAHD※ 的評價）等關於這隻狗狗的相關資料。DNA 和 JAHD 等需要日後檢查後才附上的資料，要在檢查之後才記入。ID 號碼是指用微晶片或刺青等方式記錄的個體識別號碼。

### ❸ 父親的血統圖

### ❹ 母親的血統圖

JKC 的血統圖通常會登載前 3 代的祖先（3 代祖先血統證明書），如果有需要，也可以請求發行 4 代祖先血統書。

chapter 4

# 飲食的煩惱

健康的原點，不管是人還是狗都一樣，最重要的就是飲食。
如此重要的飲食，你是否考慮過它的內容和營養均衡呢？
為了愛犬的健康，請再次好好地思考一下吧！

# 該如何判斷目前給予的飲食是否適合我家的狗狗？

對法國鬥牛犬的飼主來說，愛犬的飲食是最讓人關心的事。因為屬於是皮膚和胃腸較差的犬種，所以才會出現這麼多希望能藉由平日的飲食來改善愛犬體質的人吧！

在找到適合愛犬的飲食之前，飼主可能會收集各方面的資訊來加以實踐，但除了內容之外，飲食的量也必須要注意。為了讓骨骼粗壯、肌肉結實的法國鬥牛犬維持身體健康的狀態，給予適量且適當的飲食是最重要的。

順帶一提，治療疾病和傷痛時，飲食也會成為重要因素。例如，為了避免心臟病惡化，就必須控制鹽分；如果是皮膚病，就必須從飲食中排除致病的食材；而為了早一點治癒手術傷口，就必須有足夠的蛋白質等等。反之，在不知不覺中持續給予錯誤的飲食，也會成為尿道結石或皮膚病等許多疾病的原因。

此外，給予的飲食內容自不待言，「飲食的給予方法」也非常重要。最大的基本原則是人和愛犬的飲食要確實分開。人在用餐的時候，請儘量讓愛犬待在其他的房間裡。

只要狗狗吃過一次人類的食物，就會變得不愛吃自己的狗食，而想要吃人類的食物。所以一到吃飯時間，便會開始「汪汪」地吠叫催促著。給予人類的食物，不只是在營養方面，在教養和健康上也會引起許多問題，因此須多注意。

## 一天必須的熱量需求量和飲食量的計算方法

飲食量以狗食包裝上標示的給予量為基本。除此之外，也可以由下記的算式來求得適當的飲食量。但也不要忘了必須考慮愛犬的生活型態來做適當的調整。

**❶ 狗狗安靜時所需的熱量**
RER ＝ 70× 體重（kg）0.75 次方
or
RER ＝ 30× 體重（kg）＋ 70 ※ 體重在 2 ～ 45 kg的範圍時

**❷ 狗狗一天所需的熱量（DER）**
每日的熱量需求量（DER）＝
係數 × 安靜時的熱量需求量（RER）

※ 係數 已避孕・去勢的成犬 1.6×RER
未懷孕未處置的成犬 1.8×RER
有肥胖傾向的成犬 1.2 ～ 1.4×RER
工作犬 2.0 ～ 8.0×RER

**❸ 查出包裝上標示的狗食每 100g 的代謝熱量（ME）**

**❹（DER÷ME）×100 ＝適當的飲食量（g）**

※ 由於這只是大致標準，在給予算出的飲食量約 10 天後，請重新檢查狗狗的體重和體型。

## 1 法國鬥牛犬幼犬期時在飲食上的注意事項

帶回家裡後，先給予和原先家庭相同內容的食物，慢慢地再改變成自家的飲食內容。初次給予乾狗糧時，先給幾粒看看，如果狗狗能咯吱咯吱地嚼，就沒有問題；如果狗狗是整個吞下的，最好將給予乾狗糧的時間往後挪，可能是比較好的做法。

糞便是健康的判定標準。健康的糞便是呈較黑的小顆粒狀。請檢查愛犬的糞便是否有黏糊感？是否為膠狀？顏色如何？氣味是否很難聞？等等。

還有，在幼犬時期給予大量鈣質的話，可能會妨礙幼犬骨骼的正常成長，產生讓骨骼形狀彎曲等不好的影響。請勿另外為幼犬補充鈣質。

## 2 法國鬥牛犬成長期時在飲食上的注意事項

只要給予的是綜合營養食，就不會有營養不足的情況。最大的問題是過度給予。平常就要仔細檢查健康狀態，注意避免讓愛犬變得肥胖。

偶爾夜間空腹時，可能會有胃液變濃，清晨嘔吐的情況發生。然而，狗狗偶爾吐出胃液，是胃部清掃時必要的正常現象，所以不需擔心或是思考對策。不過，如果是頻繁嘔吐，就有可能是某種疾病所導致的。請到動物醫院接受診察，找出根本原因吧！

## 3 法國鬥牛犬高齡期時在飲食上的注意事項

隨著年齡的增加，腳和腰部等也會漸漸衰弱，不妨依狗狗的身體狀況來利用你認為必要的健康食品等。最近市面上也有販售加入健康食品的食物和飲水。請確實研讀說明，只適量地給予狗狗適當的東西。

此外，一旦上了年紀，癌症的發生率也會提高，因此最好能給予含有可提高身體免疫力、抵抗力的成分的食品。給予可以強化關節的飲食也很重要。

# 市面上售有多種狗糧，請告訴我各別的特點和選擇時的大致標準。

一般來說，被稱為綜合營養食的狗糧，大致可分成3種類型。有酥脆而有咬勁、顆粒型的「乾狗糧」、罐裝或調理包式的「濕狗糧」，以及顆粒柔軟且有彈性的半生熟型的「半濕型狗糧」3種。請考慮各類型的特徵和嗜口性，再依愛犬的喜好，視情況分別給予。

除了上述依食物的類型可分成3種之外，近來更有以「超小型犬」、「小型犬」、「中型犬」、「大型犬」等依身體尺寸來分類的狗糧，以及進一步地分成「幼犬期」、「成犬期」、「高齡期」等不同生命階段的狗糧也逐漸成為主流。為了因應被細分化的消費者需求，目前市面上也推出了許多考慮到餵食的方便性和營養均衡度的綜合營養食狗糧。

其中，也有為各犬種依不同生命階段所準備的商品。近年來，強調法國鬥牛犬專用的製品也出現在市面上，對於高度關心愛犬飲食的飼主來說，似乎非常有吸引力。飼主可以使用這種專用狗糧，也可以和家庭獸醫師商量選擇適合的狗糧。基本上，就是要掌握好適合該個體的飲食量，並且在每天的給予方法上預先決定好規則。

還有，狗狗經常會將食物整個吞下去。就法國鬥牛犬來說，考慮其獨具特色的嘴型，乾糧之類的食物還是選擇顆粒大小和形狀容易食用的為佳。

| | 乾糧 | 濕糧 | 半濕糧 |
|---|---|---|---|
| 優點 | ・經濟<br>・熱量密度高，適合食量小的狗狗<br>・可自由餵食 | ・嗜口性高<br>・可同時攝取水分（適合授乳期）<br>・可長期保存 | ・嗜口性高 |
| 注意事項 | ・必須供應充分的飲水<br>・開封後保存在密閉容器內，1個月內食用完畢 | ・開封後要在短期間內食用<br>・美食型的一般狗糧，要注意營養的均衡<br>・每單位熱量的單價較高 | ・有使用水分保存劑（糖分等）<br>・給予糖尿病犬時必須注意 |

## 1 最適合狗狗、營養最均衡的「綜合營養食」

餵食分量的基準

(340kcal/100g)

| 成犬一日的餵食標準量 | | | | | |
| --- | --- | --- | --- | --- | --- |
| 分類 | 體重 | 犬種(例) | 春·秋 | 夏 | 冬 |
| 超小型犬 | 1kg | 吉娃娃 | 40g | 35g | 45g |
| | 2kg | 博美犬 | 65g | 60g | 70g |
| | 3kg | 玩具貴賓犬、約克夏、馬爾濟斯、超迷你臘腸犬 | 90g | 80g | 95g |
| | 4kg | 迷你臘腸犬 | 110g | 100g | 120g |
| | 5kg | 蝴蝶犬、迷你雪納瑞、西施犬、迷你杜賓犬 | 130g | 120g | 140g |
| 小型犬 | 7kg | 巴哥犬 | 170g | 150g | 180g |
| | 8kg | 柴犬 | 190g | 170g | 200g |
| | 10kg | 柯基犬、米格魯 | 230g | 200g | 240g |

標明「綜合營養食」的狗糧，表示只要給予狗狗該食物和水分，在營養上就足夠了。乾糧、濕糧、半濕糧都有推出綜合營養食，在餵食的方便度、保存的便利性、嗜口性及價格上，每種飼料都有不同的特徵，可供選擇的幅度也大幅增加。在包裝上會標示各犬種和體重的標準給食量，只要套用在愛犬身上給予即可。

## 2 按照不同的生命階段來給予食物

以前的狗糧，不管年齡和身體狀況，各個世代的狗狗都餵食同一種狗糧。不過，現在按照「生命階段」來區分已是理所當然的事了。基本上會分成Puppy（幼犬用）、Adult（成犬用）、Senior（高齡犬用），甚至還有更進一步細分年齡的。此外，也有考慮犬種特徵的「法國鬥牛犬專用」狗糧，在營養的均衡上經過特別調配，可以支援骨骼、關節及眼睛的健康。

## 3 依需要來選擇機能食品

近來，市面上也出現了許多可以照顧眼睛、被毛、關節、胃腸等身體各部位的健康、含有幫助各部位的營養成分的機能食品。希望能從每天的飲食中打造健康的身體，以免愛犬生病，或是在健康上出現問題。想突顯法國鬥牛犬的特徵，或是想強化擔心部位的飼主，或許可以嘗試看看。

# 不管從哪方面來說，家中的狗狗都屬於偏食型。要怎麼做才能讓牠按照我所希望的進食呢？

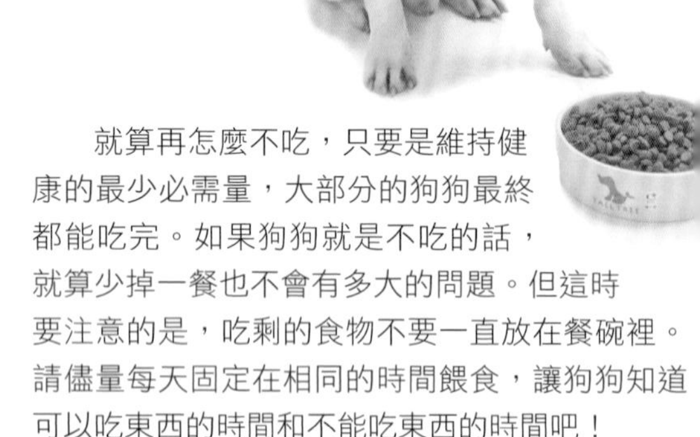

正因為是粗壯體型的犬種，所以很容易讓人對法國鬥牛犬抱有好像什麼都吃的印象。不過，事實上牠卻是出乎意料地對飲食有淡泊的一面，有時就算將零食或玩具放在牠面前，也可能提不起勁來。當然，其中應該也有因為體型或體質的關係，本來就吃不多的例子。總之，還是先弄清楚為什麼愛犬會對食物顯得不太感興趣，再來試著重新檢視飲食內容、分量及給予方式吧！

例如，你是不是只要愛犬一表現出不吃的樣子，就會很在意，而在不知不覺中給牠各種東西吃？這種行為一旦習慣化，狗狗就會學習到只要不吃不喜歡的食物，就能獲得更好吃的東西。狗狗藉著飲食來控制飼主的結果，就會發生食量小和偏食的情形。這種情形大多是從幼犬時養成的壞習慣，所以幼犬期的給食方法必須要注意才行。

就算再怎麼不吃，只要是維持健康的最少必需量，大部分的狗狗最終都能吃完。如果狗狗就是不吃的話，就算少掉一餐也不會有多大的問題。但這時要注意的是，吃剩的食物不要一直放在餐碗裡。請儘量每天固定在相同的時間餵食，讓狗狗知道可以吃東西的時間和不能吃東西的時間吧！

如果對愛犬的食量小傷腦筋的話，不妨仔細觀察愛犬的體型和體質，以理解的眼光來看待牠吧！但是，吃得不多又顯得有氣無力時，很可能是罹患了某些疾病，這時請儘速帶往動物醫院接受診察。

## 影響狗狗胃口的 3 大要素

### 氣味

一般認為狗的嗅覺是人類的數千倍到數萬倍，這當然會對飲食的喜好帶來極大的影響。例如，食物的脂肪成分就算稍微氧化了，人類也不會察覺，但狗狗卻能馬上知道。這或許也是剛開封時牠吃得很高興的飼料，過了一段時間後卻連看都不看一眼的原因之一。看到這種行為的飼主，可能會以為「難道是吃膩了嗎？」而採取錯誤的處理方法。

### 口味

你知道狗狗能感覺到的味道比人類的還多嗎？尤其是辨識肉味的能力特別高，即使同為牛肉，牠也能清楚分辨高品質牛肉的氨基酸和劣質肉的氨基酸。所以比起便宜的肉，高級牛肉會讓牠吃得更高興。一旦吃過好吃的東西，對於自己覺得不好吃的東西就會漸漸變得不想吃了。

### 口感

對狗狗來說，進食時牙齒和舌頭的觸感，是從食物中獲得喜悅的重要因素。乾狗糧中混入的碎小穀類，或是濕狗糧中所含的顆粒和形狀等，都會深深影響狗狗的嗜口性。即使是相同的狗糧，只要製造過程中發生問題，或是因食材良莠不齊而使得成分稍有不同的話，狗狗可能就會覺得不對勁而不吃了。

# 不吃東西時，有可能是疾病的徵兆

## ❶ 幼犬不吃時

正在成長、食慾旺盛的幼犬不吃東西可是大事一件。首先要懷疑身體是否有異常。例如，不小心吞入異物（小石子或玩具 etc，這個時候會連水都不喝，大多還會伴隨著嘔吐）、寄生蟲疾病（大多伴隨著下痢或嘔吐）。此外，換牙的時候，因為牙齒的關係，可能會出現就算想吃也無法吃的舉動。

## ❷ 成犬不吃時

如果是成犬，就像在偏食傾向強的法國鬥牛犬身上也常看到的，大多數的原因都是任性或是食量小所造成的。雖說如此，當然也有可能是因為某種疾病而造成食慾低落。最可能的原因幾乎都是急性胃腸炎。或許是因為吃了人給的東西，或是撿食了掉在庭院或散步途中的食物所導致的。症狀除了食慾不振外，通常也會發生下痢和嘔吐。

## ❸ 老犬不吃時

首先要懷疑是牙周疾病。牙齒一開始脫落，就無法進食，也不喜歡別人碰觸牠的嘴巴周圍。其次大多是慢性疾病正在進行的時候。狗狗年紀大了，經常會有心臟病或腎臟病等外觀上看不出來的疾病。稍有壓力就會使得疾病表面化，變得食慾不振，同時失去活力，也會出現嘔吐和排尿異常的現象。

## 對「不吃」的法國鬥牛犬的處理方法

　　就算食量小，只要肚子餓，大多數的狗狗還是會吃。肚子餓了還是不吃時，原因可能是精神創傷或是罹患了某種疾病。

　　正在吃飯時曾經有過不好的經驗，可能也是造成牠不吃飯的原因之一。例如，進餐時旁邊發出了巨響使狗狗感到害怕，或是該次的進食導致嘔吐等等。狗狗一旦有過那樣的經驗，就可能會產生「吃飯＝討厭的事情」的印象，而變成想要逃避吃飯這件事。

　　若是這種情況，只要將不好的印象轉變成好的印象就行了。狗狗吃飯了，就馬上給予讚美，或是帶牠出去散步作為獎勵，或是少量給予只有這個時候才能吃到的零食等等，試著多用各種心思。這種方法，用在對吃這件事不感興趣的狗狗身上也一樣有效。

### 讓狗狗吃飯的訣竅

| | |
|---|---|
| ○ | 溫熱、泡脹（發出香氣） |
| ○ | 由飼主的手給予（改變給予的環境） |
| ○ | 讓牠和同居犬或狗狗朋友一起吃（煽動競爭心理） |
| × | 食物長時間放置 |
| × | 因為狗狗不吃，就馬上給牠其他的食物 |

## 聽說有不少有經驗的飼主會親自為狗狗烹調食物。這樣在營養上能夠均衡嗎？

就如前面提及的，法國鬥牛犬天生就皮膚脆弱，或是體質上容易吃壞肚子的例子時有所聞。如果是慢性的，可以一邊嘗試各種狗糧，一邊選擇不會發生問題的食物，達到改善的目的。此外，為了讓牠多吃一些，也可以添加牠喜歡的東西作為佐料。基於同樣的理由，也有很多飼主會在飲食中混入有助於改善體質的健康食品，可以感受到飼主對於任何有助於愛犬健康的事都想加以嘗試的那種深刻的愛情。

其中，也不乏每餐都親自烹調的人。用和人相同的食材，安全又安心，還可以烹調出自我風格的味道，愛犬也吃得高興，這些部分應該會給飼主很大的滿足感吧！

本來，對狗狗來說，只要給予營養最均衡的綜合營養狗糧和水，在飲食方面的健康管理就已經足夠了。即使如此，不少飼主仍然對親自烹調感興趣，除了食材實在、安全安心之外，最主要的原因應該是「能將愛狗狗的心情融入飲食中」這一點大大搔動了飼主的心吧！

如果想親自為愛犬烹煮食物，請向獸醫師詢問，接受建議後，再來烹調適合愛犬、營養均衡的食物。為此，就要計算營養成分的需求量，考慮年齡和體重，來決定一天所需熱量和蛋白質的需求量；然後是脂肪、碳水化合物，視需要再添加食物纖維；最後再加上維生素和礦物質，進行菜單的最終評估。

自己烹調食物，需要花工夫、時間和金錢，不過要是能夠習慣化，一定可以引發飼主的滿足感。在轉為真正實踐前，重要的是先考慮狗狗原本的健康，飼主本身也要好好學習狗狗飲食方面的知識。

### 狗狗必需的6大營養成分

對狗狗來說，必需的營養成分的量和均衡狀況跟人類是不一樣的。狗狗有牠們天生的營養需求，並且會隨著生活階段而變化。基本的必需營養成分有蛋白質、脂肪、碳水化合物（醣質、纖維質）、維生素、礦物質和水。這「6大營養成分」又被分為產生熱量的營養成分（蛋白質、脂肪、碳水化合物），和不會產生熱量但在維持身體機能上有重要功能的營養成分（維生素、礦物質、水）2大類。

狗狗的熱量需求量（成犬）

| 體重 | 所需卡洛里 |
|---|---|
| 1kg | 130kcal |
| 5kg | 440kcal |
| 10kg | 740kcal |
| 15kg | 1010kcal |
| 20kg | 1250kcal |
| 30kg | 1690kcal |
| 40kg | 2100kcal |
| 50kg | 2480kcal |
| 60kg | 2840kcal |

※這是大致上的數字，實際上會因狗狗的身體狀況和年齡而有變化。

# 不可給予狗狗的食材

## ❶ 蔥、洋蔥

以蔥、洋蔥、韮菜為代表的蔥類，幾乎都會引起中毒。不管量有多少，蔥類都具有溶解狗狗紅血球的作用，即使加熱也不會被破壞。也就是說，漢堡排或是放有蔥類熬煮的湯汁等都不可給狗狗食用。

## ❷ 巧克力、糕點類

巧克力製品、有使用巧克力的糕點類、洋芋片、仙貝、蛋糕和餅乾等，都含有大量的糖分、鹽分和油分。狗狗一旦攝取了超過需求量的這些食物，除了會造成肥胖外，也會成為心臟疾病、糖尿病的原因，所以絕對不能給予。此外，木糖醇可能會引發低血糖和重大肝臟疾患，主要的表現症狀是嘔吐和沒有精神等，所以含有木醇糖的口香糖或糖果類也不可給予。

## ❸ 烏賊、章魚、貝類

烏賊、章魚和貝類難以消化，有時會出現嘔吐和下痢等症狀。此外，生的海鮮食品中含有大量的硫氨素酶（破壞維生素B1的酵素），可能會導致心臟肥大或四肢失調。

## ❹ 帶骨的雞肉和重口味的料理

雞翅或有骨頭的雞肉，具有一經加熱，骨頭就會碎裂而變得銳利的特點。如果連著骨頭一起吃下，尖銳的骨頭可能會刺到食道或胃，非常危險。給予雞肉時，一定要先除去骨頭。此外，重口味的料理，因為會造成鹽分等的攝取過度，所以不可給予。

## ❺ 香辛料

鹽、胡椒、芥末、山葵等香辛料是有刺激性的食物，卻是營養上不需要的東西。一旦攝取可能會對內臟造成負擔，或是引起下痢或麻痺。雖然不是狗狗主動會去吃的東西，但飼主還是必須要注意，以免狗狗誤食。

# 別人都說愛犬有點胖，我倒覺得牠肥肥的很可愛……

近年來，在人類社會中常聽到「代謝症候群」這句話，其實對所有的動物來說，肥胖都是「有百害而無一利」。除了會成為心臟病和糖尿病等各種疾病的原因之外，體重過重也會讓身體產生各種負擔。就喜歡遊戲、會活潑跑動的法國鬥牛犬來說，肥胖會對呼吸器官或心臟造成負擔，或是增加皮膚問題的機會。此外，體重過重也可能會引起關節毛病，所以保持適當的體重是最重要的。

肥胖的最大的要因當然就是「吃太多」。試著回顧平日的生活，您是不是心裡有數呢？是否因為想看愛犬高興的模樣，就依牠的要求給予飲食或零食呢？也就是說，造成肥胖的原因並不是因為狗狗「吃太多」，或許應該說是飼主「讓牠吃太多」才對。怎麼說呢？因為狗狗的飲食和零食，大多是由飼主準備、給予的。

還有，飲食過度不只會成為肥胖的原因，還有另一個嚴重的問題。較為肥胖的狗狗，會隨著熱量而攝取到過多的營養成分。如果是維生素B1或維生素C等就算過多也不會成為問題的營養成分就沒關係，但是，如果是鈣、鎂、磷、維生素A或E等，過度攝取的話可能就會對身體造成不好的影響。

例如，膀胱或腎臟會變得容易形成結石，或是骨質變得疏鬆，或是繁殖率降低等等。營養偏差的原因，可能是給予狗狗親自烹調的食物時算錯了熱量，或是給予人類的食物或零食等。請回顧日常的生活狀態，注意是否有這樣的情形。

## 1 肥胖容易引起的健康問題

**【皮膚病】**

臉部和嘴巴的皺褶是表情豐富的法國鬥牛犬的魅力之一。只是一旦變得肥胖，皺褶也會更深，如果沒有妥善照料，就容易發生皮膚問題。

**【呼吸系統的疾病】**

屬於短吻犬種又愛活潑跑動的法國鬥牛犬，呼吸器官本來就背負著風險。肥胖會導致氣管越加受到壓迫，結果就得擔心呼吸變得困難、肺部也難以擴展等呼吸系統的問題。

**【心臟疾病】**

心臟要將血液輸送到肥胖後變大的全身各角落去，因此得增加血液量、提高血壓等等，會對心臟造成多餘的負擔，提高罹患心臟病的風險。

**【糖尿病】**

一旦變得肥胖，血液中的葡萄糖就無法有效進行調節，因此容易罹患糖尿病。糖尿病會對全身帶來各種不良影響，例如成為引發白內障和膀胱炎發病的原因等等。嚴重時甚至會攸關生命，是非常可怕的疾病。

**【關節的疾病】**

對於喜歡運動的法國鬥牛犬來說，體重一增加，就無可避免地會對腰腿造成負擔，導致骨骼和關節處容易發生問題。也會成為椎間盤突出或髖關節脫臼等疾病的原因。

## 2 能輕易檢測肥胖度的「身體狀況評分（BCS）」

要檢測愛犬的肥胖度，有個簡單的方法就是身體狀況評分（BCS）。BCS是調查該犬隻是肥胖還是太瘦，或是剛剛好的大致標準。BCS以3為標準，4是肥胖，5是重度肥胖；反之，2是稍瘦，1為過瘦。

進行該項判斷並不需要特別的工具。以外觀和觸摸的感覺就能決定。第一個重點是從上方看時，是否有腰身。如果有腰身，就是3以下；腰身和臀部一樣寬，就是4；如果腰身比臀部還要突出則為5。

若為BCS4，可以推測出其體重約超重了15％；BCS5則是超重了約30％。例如現在的體重是14kg，BCS4的狗狗的理想體重應該是11.9kg，而BCS5的狗狗理想體重就是9.8kg。

覺得腰身過度明顯時，請觸摸一下肋骨。如果能摸到肋骨的凹凸，同時也能明顯摸到脊椎的話，就是BCS1的過度削瘦。

### 身體狀況評分（BCS）的基準

Canine

| BCS | 1 削瘦 | 2 體重不足 | 3 理想體重 | 4 體重過重 | 5 肥胖 |
|---|---|---|---|---|---|
| 理想體重（%） | ≦85 | 86～94 | 95～106 | 107～122 | 123≦ |
| 體脂肪（%） | ≦5 | 6～14 | 15～24 | 25～34 | 35≦ |
| 肋骨 | 沒有脂肪覆蓋，可輕易觸摸到 | 覆蓋著非常薄的脂肪，可輕易觸摸到 | 覆蓋著薄薄的脂肪，可觸摸到 | 脂肪稍厚，勉強可以觸摸到骨骼 | 覆蓋著厚厚的脂肪，非常難觸摸到 |
| 腰部 | 沒有脂肪，骨骼凸出 | 稍有脂肪，骨骼凸出 | 覆蓋著薄薄的脂肪，有平順的輪廓，可以觸摸到骨骼 | 沒有脂肪覆蓋，可輕易觸摸到 | 脂肪很厚，很難觸摸到骨骼 |
| 體型 | 從側面看，腰部的凹陷很深；從上面看，呈極端的沙漏型 | 從側面看，腰部有凹陷；從上面看，呈明顯的沙漏型 | 從側面看，腰部有凹陷；從上面看，腰部有適當的弧度 | 從側面看不見腰部凹陷，從上面也看不見腰身，背面略微向旁邊擴展 | 腹部突出下垂，從上面看完全沒有腰身，背面明顯外擴 |

（資料提供：Hill's-Colgate（JAPAN）Ltd.）

## 給牠的飼料都有好好地吃完，可是一看到零食還是吵著要……我很擔心牠會攝取過多熱量……

看著愛犬用水汪汪的眼睛注視著零食的模樣，對飼主來說是至高無上的快樂；而獲得了自己最愛的零食的瞬間，對狗狗來說也可以感受到大大的喜悅。不管是給予零食的人還是獲得零食的狗狗，雙方都會非常高興，因此在不知不覺間，零食已經是有養狗的家庭中理所當然的存在了。

另外，會挑起飼主購買慾望的各式各樣的零食類型和種類，也是讓大家廣泛使用零食的原因之一。一邊想像愛犬高興的樣子來挑選，不也是購物的樂趣嗎？對飼主和狗狗來說，零食已成為現在不可欠缺的交流工具了。

絕大部分愛狗人士的家裡都會有零食。如果能夠正確地給予，再也沒有比它更有助於建立彼此關係的東西了；但若只是為了看到愛犬高興的模樣而給予的話，只不過是飼主的自我滿足罷了。就算決定好一天的飲食量，若未將零食計算在內，熱量當然會超過。可以想像得到的情形是，狗狗因為想要吃零食，所以即使到了正餐時間也對狗糧不屑一顧，就這樣養成了偏食的習慣。

不僅如此，無法拒絕愛犬的要求而給予零食，反而讓飼主的行動受到狗狗的控制。法國鬥牛犬是非常貪吃的犬種，一旦知道自己的要求行得通，只會更加死乞百賴地強求。過度給予零食，在教養方面也可能發生問題。最好全家團結一致，在一定的規則下，有效地給予零食吧！

# 在給予零食的方法上用點心思，有助於提升愛犬的健康和心理層面

## 零食也可以用在教養上

不要只是因為想讓愛犬高興而給予零食，不妨試著當做教養的一環來加以利用。也就是不要在日常中無意識地給予，而是要發出教養指令後才可以給狗狗。即便只是坐下、趴下、等一下、跟好等非常普通的指令也可以。請將零食定位成一種為了引導愛犬做出自己希望的動作，對彼此而言都是很特別的工具。只要提高愛犬想要零食的動機，即使狗狗在散步中被什麼東西吸引了，只要拿零食給牠看，應該都能促使狗狗立刻集中注意力。

## 選擇有機能性的零食

我想大多數的人都是依嗜口性、投食方便性、形狀等條件來選擇零食的，幾乎每天都很自然地會給狗狗吃零食。既然都要吃，何不給愛犬對健康有幫助的東西呢？近來市面上也出現了各種機能性的零食，有有益牙齒的、具有整腸作用的、還有內含有益眼睛和被毛的營養補充成分的等等。找到可以照顧愛犬健康的零食給狗狗吃，對飼主來說應該也是很大的喜悅吧！

## 和育智玩具一起組合

和零食一樣，各位的家中應該也有很多玩具。玩具雖然比較傾向於單純地給予，但其實下次購買玩具時，不妨試著將育智玩具和零食組合在一起看看。將零食放進玩具裡面，讓狗狗想辦法將零食取出的玩具，可以刺激狗狗的好奇心和食慾兩個方面。一邊玩還可以吃到最喜歡的零食，狗狗想必也會更熱衷於玩具。而一邊動腦一邊投入遊戲的結果，或許還有助於提升智能也不一定。

## 用狗糧代替零食

在兼顧每天的正餐下給狗狗吃零食，有時還是會擔心熱量是否超過吧！雖然如此，但若不給牠獎勵品，狗狗又好像很可憐。這時，不妨用平常給予的狗糧來代替零食。先將一日份的飲食量分裝進容器中，再從裡面拿出來當獎勵品，就能一目瞭然知道吃掉的量，非常方便。因為是每天吃慣的東西，所以狗狗應該也能吃得順口。也很適合利用在體重管理、熱量管理上。

# 頸牌和微晶片

飼養狗狗時，一定要做登錄。出生後超過3個月的狗狗，在開始飼養的30天以內一定要登錄。登錄之後就會領到「頸牌」。頸牌上標記有發行的市鎮村和狗狗的號碼。

話說回來，你知道頸牌從以前到現在一直在變化嗎？從枯燥無味的橢圓型，到狗狗型、蹠球型、骨頭型等，各種形狀的頸牌紛紛登場。這是因為日本在2008年4月時，將頸牌的規定做了部分修正，修改成可以任意決定形狀。因為希望小型犬們可以漂亮地配戴頸牌，所以也充滿了各種創意。

除了頸牌外，另一項不能忘記的就是狂犬病的預防注射完成貼紙。近來，隨著狗狗咖啡店和狗狗運動場、購物商城等的增加，和其他狗狗碰面的機會也越來越多，預防注射和頸牌也是保護愛犬的一種自衛對策。

東京都新宿區的頸牌是可愛的小狗型，港區、中央區也是採用這樣的小狗形狀。海報上呼籲要配戴頸牌的是法國鬥牛犬・梅隆。注射完成貼紙也變小了，可以很自然地貼在小型犬的項圈上。

世田谷區和民間義工團體以「一般犬隻計畫」共同活動中。注射完成貼紙可以貼在頸牌後面，造型極為簡潔。世田谷的海報是波士頓㹴的插畫版。

頸牌的設計者是世界級的設計家・深澤直人先生。簡單的純白鋁片非常具有時尚感。

## 災害時、愛犬失竊時的最佳伙伴　微晶片

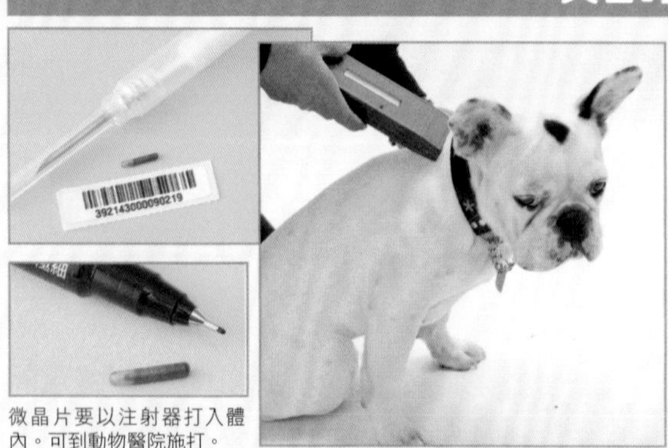


微晶片要以注射器打入體內。可到動物醫院施打。

可用專門的掃描器來讀取微晶片的資訊。

除了頸牌，要識別每隻狗狗的方法還有微晶片。這是在長約12mm、直徑約2.1mm的動物組織共容的玻璃管中封入IC而製成的，IC中記入了15位數、只屬於該犬隻的數字。藉由專門的掃描器讀取微晶片的資訊，就能知道是哪裡的狗狗。即使是災害時項圈掉了，只要有微晶片，就能識別該犬隻。就算是被人故意解開項圈也不用擔心。國外的微晶片普及率相當高，有些國家甚至規定從國外帶入狗狗時，一定要植入微晶片。

在日本，是由（財）日本動物愛護協會、（社）日本動物福祉協會、（社）日本愛玩動物協會、（社）日本動物保護管理協會、（設）日本獸醫師會所成立的AIPO（動物ID普及促進協會）來進行微晶片的推廣活動。

※上述情報為2009年10月之資訊。

chapter 5

# 健康和疾病的煩惱

不管什麼犬種，身為飼主總是擔心愛犬會生病。
希望牠能永遠健康地生活下去，是所有飼主的願望。
為了守護愛犬的健康，請先想想可以做的事和要牢記的事吧！

## 徹底解決疾病的煩惱！但是在此之前……

# 你有留意「早期發現」嗎？

在愛犬小時候，只要一覺得不對勁，就會擔心得立刻帶牠上醫院；但是等愛犬長大後，就不再像幼犬時那樣手忙腳亂，而是會先暫時觀察一下情況。當然，過度保護地讓狗狗成長並不好，但不管是狗狗還是人類，早期發現都是最重要的。尤其是法國鬥牛犬，因為忍耐性強，即使身體不舒服，也有很多狗狗是完全看不出來的。即便只是稍微感覺愛犬的情況好像和平常不同，也不可以自行判斷，請帶牠上動物醫院，進行適當的處置。

此外，製作身體狀況檢查表，經常掌握愛犬平常的健康狀態，在萬一時就能派上用場。請兼作為肌膚接觸，將觸摸身體各部位的身體檢查化為習慣吧！

## 為愛犬進行身體檢查吧！

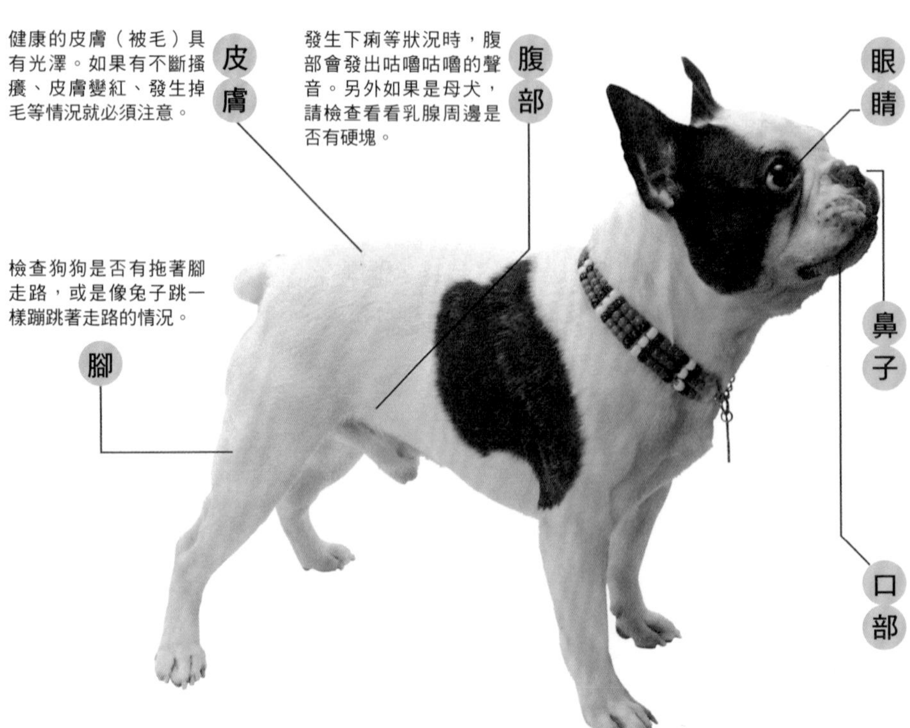

詢問法國鬥牛犬的飼主!!

# 覺得困擾的疾病＆症狀

30 人中（可複答）

| | |
|---|---|
| 28人 | 下痢・嘔吐 |
| 22人 | 皮膚問題 |
| 15人 | 結膜炎・淚溢症 |
| 10人 | 氣管塌陷 |
| 8人 | 外耳炎 |

其他

- 牙周病
- 癲癇
- 椎間板突出
- 子宮蓄膿症

etc…

不會痛喲～

嗯……

# 愛犬總是劇烈呼吸，讓人擔心。這樣下去沒關係嗎？

像法國鬥牛犬之類的短吻犬種，因為各種身體特徵的關係，會有劇烈粗重的呼吸。原因有很多，大多是由這些原因複合形成的，另外也有一些原因是遺傳上的因素。至於呼吸粗重對健康的影響有多大，還是只能委託給專家判斷。即使呼吸粗重，有些狗狗依然健康，但也有些狗狗的體力會受到嚴重影響。要投與什麼樣的藥物才能改善，或者是必須進行外科手術，這些都不是飼主能夠自行判斷的。就算是你認為不嚴重的症狀，也應儘早詢問專門醫師。

**呼吸困難的惡性循環**

呼吸困難之所以難以停止，是因為它會引發惡性循環的關係。

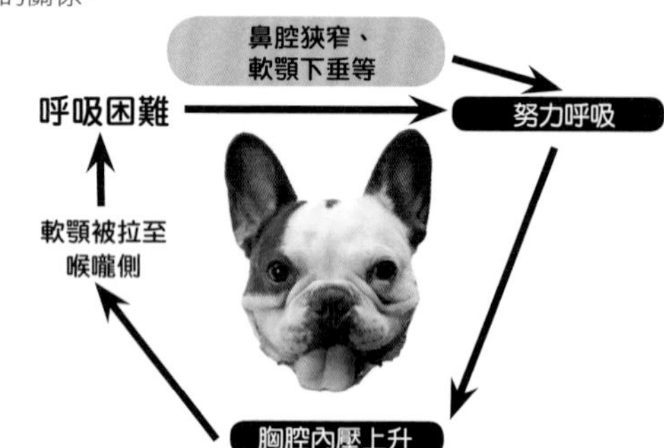


## 1 氣管塌陷

這是進行呼吸的器官──氣管變得塌陷的疾病。法國鬥牛犬約過了5歲以後，氣管就會變得容易塌陷，尤其是肥胖的法國鬥牛犬更須注意。一旦開始塌陷，呼吸時就會發出像鴨叫聲般的「嘎─嘎─」聲。也有些法國鬥牛犬會咳嗽，所以有些人會誤以為愛犬罹患了某種會咳嗽的疾病，但其實咳嗽也可能是因氣管塌陷所導致的。如果到了這個年紀突然發生咳嗽的話，就必須懷疑是氣管塌陷所造成的。一旦因為暑熱或興奮而開始發出「嘎─嘎─」聲，就會無法穩定下來，不但呼吸會不平順，還會引發惡性循環，甚至造成呼吸困難、發紺（舌頭變成紫色）昏迷等。這個時候也經常併發中暑，必須立刻用冷水等來冷卻身體。

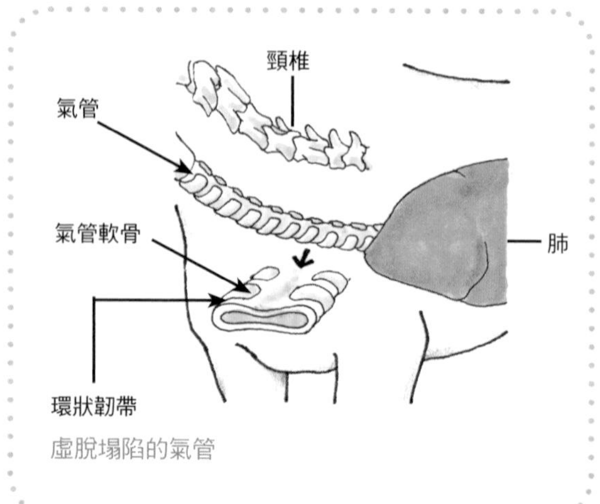


虛脫塌陷的氣管

## 2 軟顎過長＆鼻孔狹窄

兩者都是短吻犬種特有的症狀，是會造成呼吸困難的疾病。

【軟顎過長】

下方插圖的軟顎部分（包含嘴巴深處扁桃腺的柔軟部分）如果天生較長的話，容易堵塞喉嚨，造成呼吸困難。因為會慢慢惡化，所以即使是天生的，也要等數年之後才必須施行手術。肥胖也是造成惡化的原因之一。越是因為吸不到空氣而劇烈呼吸，就會越用力，而造成軟顎部分變得更加肥厚的惡性循環。嚴重時會變得呼吸困難，就連睡覺時也會發生。

【鼻孔狹窄】

鼻子的軟骨強度不足，導致呼吸時鼻子內側被壓迫到而無法充分呼吸。有時甚至只要一興奮就會變得呼吸困難。和氣管塌陷、軟顎過長一樣，肥胖的影響也很大。當此症狀的發生過於頻繁時，可以藉手術取出部分的軟骨來改善症狀。

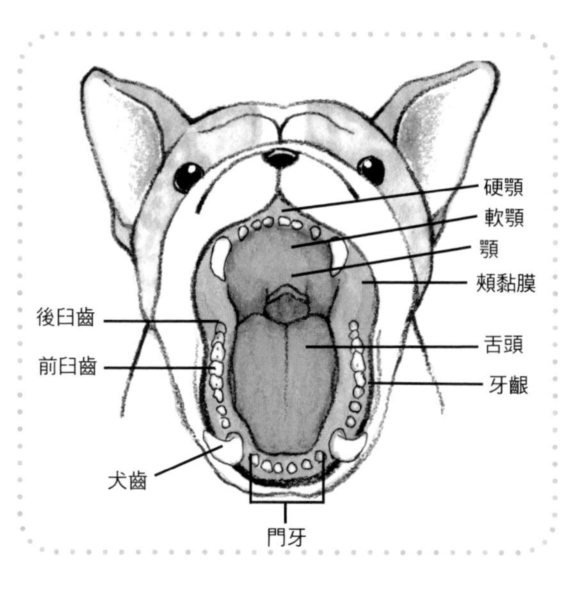


## 讓人有點掛心的 眼睛疾病

短口吻犬種的另一個特徵就是眼睛突出，因此眼睛的毛病也很常見。在此介紹幾種常見的眼疾。

【角膜炎】

下面插圖中的角膜部分因為某些原因引起發炎的狀態，就稱為角膜炎。角膜由 5 層所形成，疾病的名稱依哪一層發炎而有不同。

**1 表層性角膜炎**
**在角膜表層發生的炎症。**
**2 深層性角膜炎**
**在比表層性角膜炎更深的部分發生的炎症。**
**3 潰瘍性角膜炎**

發炎擴及比角膜更深層的部位，形成潰瘍的疾病。這些症狀有時也稱為急性角膜炎、慢性角膜炎等。可能是由外傷或是病毒感染等引起的非外傷性原因所造成的。要先排除這些原因後才能開始治療。

【白內障】

水晶體白濁的疾病。有些是先天性白內障，不過法國鬥牛犬常見的是由高齡所引起的老年性白內障。如果超過 6 歲才發病的話，大多都是老年性的（也可能是由糖尿病或外傷、中毒等所引起的）。治療主要是內科性為主，可以延緩疾病的進行，但要改善症狀似乎並不容易。目前醫療水平提升，有些疾病經仔細檢查評估後，可以進行外科手術置換水晶體。

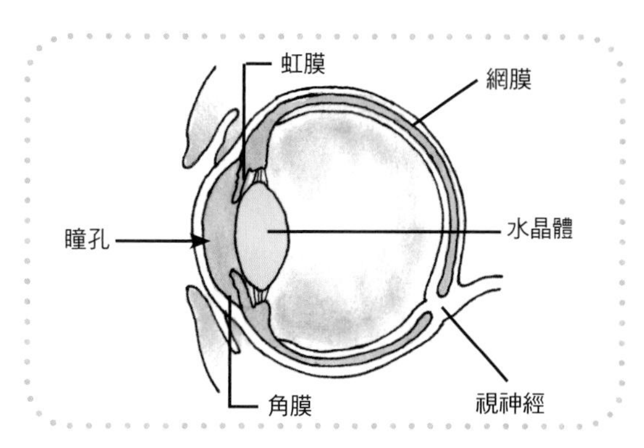

# 愛犬有點肥胖。對於腰腿部分是否應該要多加注意？

肥胖所引起的疾病非常多種，尤其是骨骼・神經方面的疾病，對法國鬥牛犬來説可算是非常嚴重的疾病之一。因為就如大家所知的，牠活動起來出人意料地充滿了活力，因此經常在不知不覺中對腳和腰部造成負擔。而且還有另一個問題。在此介紹的是最具代表性的骨骼和神經方面的疾病，據説這些疾病都會因為遺傳而發病。

## 1 膝蓋骨脫臼

膝蓋骨脫臼是位於後肢膝蓋處的盤狀骨骼偏移的疾病，不只是法國鬥牛犬，也常見於許多小型犬身上。骨骼偏移的那隻腳在接觸地面的瞬間會馬上提起來，變成怪異的走路方式，所以飼主們大多都能發現。不過有些狗狗的脫臼會自行復原，因此容易讓人以為情況並不嚴重，不過若是病情惡化，就必須要動手術才能治療了。儘早發現後進行適當的治療，就能讓狗狗再度自然地行走。

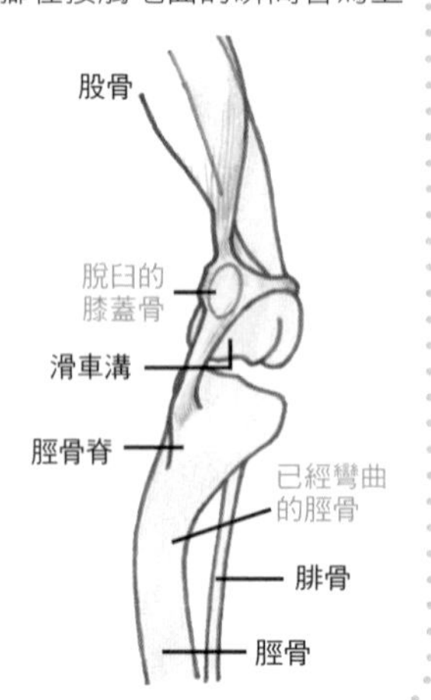


## 2 椎間盤突出＆變形性脊椎症

法國鬥牛犬的脊骨是由許多的椎骨連接構成的。這些椎骨之間夾著柔軟的軟骨性圓盤。通常就算施加壓力，椎間盤也能緩和衝擊力，不過若是因為強力的衝擊或扭擰、老化等造成椎間盤變質失去彈性的話，就會引起運動障礙或疼痛。

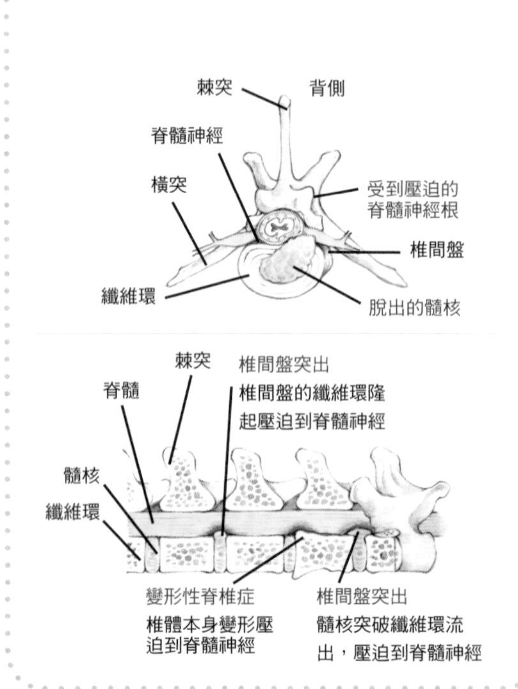

## 3 髖關節發育不全＆前十字韌帶斷裂

膝蓋骨脱臼也會影響到其他的骨骼和韌帶。膝蓋骨有問題的法國鬥牛犬，髖關節往往也不好。這是因為膝蓋骨疼痛，使得髖關節・股骨頸的角度產生問題所導致的。此外，膝蓋骨疼痛的法國鬥牛犬由於突然跑動等劇烈的行動而使得十字韌帶斷裂的受傷狀況也很常見，必須同時接受膝蓋骨和十字韌帶斷裂手術的病例也有越來越多的傾向。

髖關節的構造

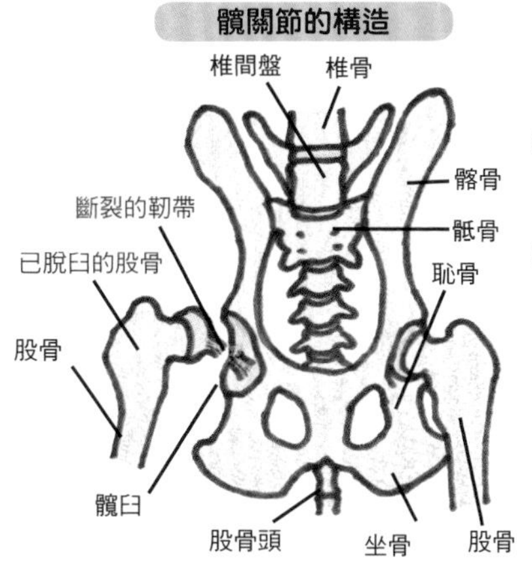


前十字韌帶斷裂的膝蓋骨

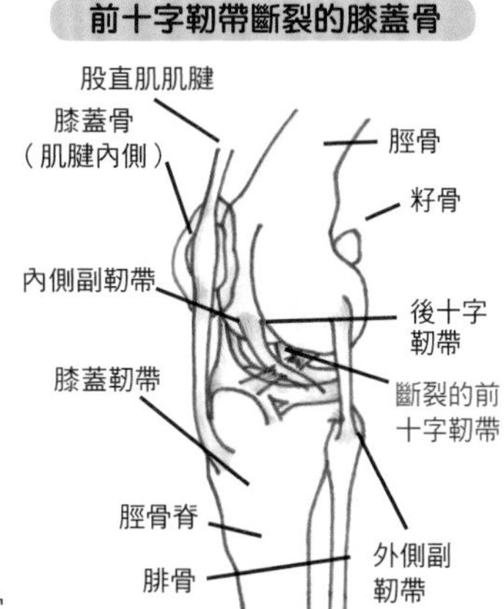


## 4 退化性關節病

由於關節面的軟骨逐漸退化，使得關節只要互相碰觸就會產生疼痛。以前常見於雪橇犬等關節異常受力的犬種，不過近來也常見因為肥胖或持續過度激烈的運動而引發疼痛的案例。如果是二次性症狀，原因可能是股骨頭缺血性壞死、前十字韌帶斷裂等，因此有過其他疾病的法國鬥牛犬即使瘦下來了也要注意。

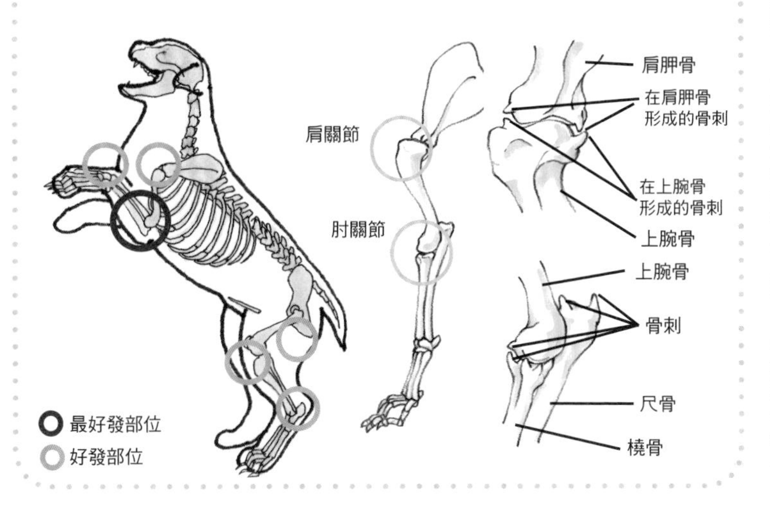


### 其他最好加以注意的疾病

＜皮膚的疾病＞

**◆過敏性皮膚炎**　由跳蚤、蜱蝨、食物內容等原因所引起的皮膚炎，可藉由去除成為過敏原因的過敏原來加以改善，但似乎有相當的困難。和人類的異位性皮膚炎一樣，會引起嚴重的搔癢。

**◆皮屑芽孢菌感染症**　這是感染了霉菌之一的皮屑芽孢菌（malassezia）所引起的皮膚病。慢性外耳炎大多都是由這種皮屑芽孢菌所造成的，有時候異位性皮膚炎也會驗出這種皮屑芽孢菌。

＜心臟・循環器官的疾病＞

**◆擴張型心肌症**　由於心臟內部擴張而造成心臟收縮變弱的疾病。

**◆肥大型心肌症**　心臟肌肉肥厚，使得心臟變大，收縮變得激烈。因此會出現呼吸困難、暈倒等心臟衰竭的症狀。

**◆肺動脈狹窄**　由於肺動脈瓣狹窄，造成血液循環惡化。

**◆二尖瓣閉鎖不全**　二尖瓣的機能障礙。這是上了年紀後容易罹患的疾病，會使得咳嗽或呼吸困難等症狀轉變成慢性化。

＜內分泌的疾病＞

**◆糖尿病**　這是胰臟分泌的胰島素不足的疾病。可藉由狗狗大量飲水而發現，不過其他疾病也可能會造成大量飲水。

**◆庫興氏症候群**　這是腎上腺皮質荷爾蒙異常分泌的疾病。會出現多尿、脫毛、腹部膨脹、皮膚色素沉澱等症狀。

# 雖然愛犬目前非常健康，但是不是要接受「健康檢查」會比較好？

接受健康檢查可以提早發現各種疾病，因此非常推薦。

大多數的健康檢查流程，都是先進行血液檢查和影像診斷，若發現數值和影像有異常的部分，再做詳細的檢查。以幼犬每年1次，超過8歲的狗狗約半年檢查1次最為理想。檢查內容及費用依動物醫院而有相當大的差異，最好事先確認過收費和內容後再接受檢查。

## 1 血液檢查可以知道的事

在動物醫院進行的血液檢查，有查看血液本身的症狀和狀態的「血液檢查」，以及查看血液中所含酵素量等的「生化學檢查」。只要抽血一次，就可以同時檢查這些數值。血液檢查是為了發現可疑疾病所進行的篩檢，依據該結果來看，若懷疑可能有異常時，再以超音波或X光檢查做更詳細的診斷。

目前各動物醫院中設備的檢查機器大致分成2種，檢查項目雖然略有差異，但所有的檢查結果出來都約只需10分鐘而已。

### 肝功能檢查

將肝酵素和其他項目綜合起來評估。如果肝臟或膽囊、膽管系統有問題的話，肝酵素（ALT、AST等）的數值就會上升。就如「肝臟是沉默的臟器」這句話般，沒有相當惡化就不會出現症狀，所以及早檢查非常重要。

### 腎功能檢查

突然出現被毛失去光澤、變瘦等變化時，就有可能是腎臟功能降低。在血液資料中查看BUN、肌酸、磷的數值。腎臟功能一旦降低，這些數值就會上升。

### 內分泌檢查

最近常見的內分泌疾病也可以藉由血液檢查來早期發現。當ALP和膽固醇數值提高，出現了可能是這方面有問題的數值時，就要進一步檢查荷爾蒙來確定疾病。內分泌疾病也是很不容易發現的疾病。

### 貧血・感染・發炎等

血球容積比、血色素等低下時，就會引起貧血。這時必須做更進一步的檢查。反之，如果數值升高，就是正在發炎。不過，當免疫力降低時，即使白血球沒有增加，也有可能正在發炎。

## 2 影像診斷可以知道的事

### X光檢查

一般來說，胸部和腹部的攝影會從2個方向來進行。胸部是用來診斷心臟、氣管、支氣管、食道；腹部則是用來診斷肝臟、腎臟、脾臟、胰臟、膀胱等。

法國鬥牛犬容易罹患氣管塌陷這種疾病，只要利用X光檢查就能確認大致的狀況。

### 超音波檢查

就是稱為「ECHO」的檢查方法，非常適合作為心臟的早期診斷。心音帶有雜音或是有點肥胖的法國鬥牛犬，都很建議做這種超音波檢查。此外，高齡犬最好也定期接受心臟的超音波檢查。照X光發現有異常時，也要做超音波檢查。

### 血液檢查數值顯示的意義

| 檢查項目 | 正常值 | 數值異常時可能的疾病 |
|---|---|---|
| 總蛋白／TP | 5.2～8.2g/dl | 值高／發炎、感染症、脫水、多發性骨髓瘤<br>值低／營養不良、肝機能障礙、腎機能障礙、腸道疾病 |
| 白蛋白／Alb | 2.7～3.8g/dl | 值高／脫水<br>值低／營養不良、肝機能障礙、腎機能障礙、腸道疾病 |
| 總膽紅素／T-Bil | 0～0.9mg/dl | 值高／肝臟疾病、膽道阻塞、溶血 |
| 中性脂肪／TG | 20～155mg/dl | 值高／糖尿病、肥胖、庫興氏症候群、腎病變症候群<br>值低／艾迪生病、營養失調、肝硬化 |
| 鹼性磷酸酵素／ALP | 30～400IU | 值高／肝硬化、骨骼疾病、庫興氏症候群、類固醇藥物 |
| 麩丙酮轉氨基脢／GPT | 15～70IU/l | 值高／犬傳染性肝炎、阻塞性黃疸、急性胰臟炎、鉤端螺旋體病 |
| 麩草轉氨基脢／AST | 0～50IU | 值高／骨骼肌、心肌異常、犬傳染性肝炎、急性胰臟炎、黃疸、鉤端螺旋體病 |
| 天門冬氨酸轉氨脢／AST | 10～50IU | 值高／肝機能障礙、肌炎、心肌炎 |
| 丙氨酸轉氨脢／ALT | 8～80IU | 值高／肝機能障礙 |
| γ麩氨酸轉移脢／γ-GT | 0～7IU | 值高／膽道發炎、肝機能障礙、類固醇藥物 |
| 澱粉酵素／Amy | 500～1500IU | 值高／胰臟炎、腸炎、腎衰竭 |
| 血清總膽固醇／T-Cho | 110～320mg/dl | 值高／糖尿病、胰臟炎、庫興氏症候群、甲狀腺機能低下<br>值低／肝機能障礙 |
| 血糖／Glu | 77～125mg/dl | 值高／糖尿病<br>值低／胰島素細胞瘤、腫瘤、營養不良 |
| 尿素氮／BUN | 27mg/dl | 值高／腎機能障礙、脫水、尿道阻塞<br>值低／蛋白質缺乏、肝機能障礙 |
| 肌酸酐／Cre | 0.5～1.8mg/dl | 值高／肝機能障礙、肌肉機能障礙 |
| 鈉／Na | 144～160mEq/L | 值高／嘔吐、下痢、腎機能障礙、脫水<br>值低／嘔吐、下痢、腎機能障礙、腎上腺機能不全 |
| 鉀／K | 5.8 mEq/L | 值高／嘔吐、下痢、腎機能障礙、腎上腺機能不全<br>值低／嘔吐、腎機能障礙 |
| 氯／Cl 109 | 109～122 mEq/L | 值高／下痢、代謝性酸中毒<br>值低／嘔吐 |
| 鈣／C | 7.9～12.0mg/dl | 值高／腎機能障礙、副甲狀腺機能亢進症、腫瘤<br>值低／子癇症 |
| 無機磷／P | 2.5～6.8mg/dl | 值高／腎機能障礙<br>值低／營養不良、副甲狀腺機能亢進症、腫瘤 |
| 紅血球數／RBC | 550～850萬/μl | 值高／脫水、紅血球增多症、下痢、嘔吐<br>值低／貧血、洋蔥中毒、骨髓異常 |
| 白血球數／WBC | 6～17千/μl | 值高／感染症、發炎、白血病、精神壓力<br>值低／犬小病毒性腸炎、維生素不足 |
| 血球容積比／Ht | 37～54% | 值高／脫水、紅血球增多症　值低／貧血 |
| 血色素／Hb | 12～18g/dl | 值高／脫水、紅血球增多症　值低／貧血 |
| 血小板數 | 20～40萬/μl | 值高／發炎、腫瘤、惡性腫瘤<br>值低／大出血、白血病、免疫疾病 |

# 疫苗的種類和接種時期為什麼會不一樣？

首先，疫苗是依可以預防的疾病種類來區分的。5合1是可以針對5種疾病、7合1是可以針對7種疾病在體內形成免疫，所以即使感染到疾病，體內也會製造出抗體。各種疾病的免疫也含在母乳中，因此狗狗是否有充分飲用母乳，也會關係到疫苗的接種時期和次數的不同。另外，疫苗種類不同，接種的時期也不相同，這就稱為疫苗計畫。偶爾也會發生因為疫苗接種而導致的問題，所以還是和獸醫師確實討論過後再接種吧！

## 疫苗可以預防的感染症

### 犬瘟熱

這是最具代表性的傳染病，會出現下痢、嘔吐等消化道症狀和咳嗽、流鼻水、打噴嚏等呼吸道症狀。如果感染超過1個月，就可能出現痙攣等神經症狀。傳染性強，為經口傳染，經常併發細菌感染，這也是促使症狀惡化的原因。如果成犬後才感染發病，可能不會出現發燒等症狀，而只會出現痙攣等神經症狀；這和原發性癲癇不同，或許可以被治療改善。

### 犬小病毒腸炎

這是在1980年左右急速擴散的傳染病。有突然變得呼吸困難的心肌症型，以及出現下痢、嘔吐、發燒、脫水症狀等的腸炎型。死亡率高，是很嚴重的傳染病。

### 犬傳染性肝炎
（腺病毒1型感染症）

腺病毒1型是經口感染而發病的。肝炎會急速惡化，幼犬一旦感染，數天即會死亡；成犬則會出現發燒、下痢、嘔吐等症狀。

## 犬傳染性氣管支氣管炎
（犬舍咳、腺病毒2型感染症）

這是腺病毒2型經口感染而引發的、以咳嗽為主的呼吸道症狀的傳染病。和副流行性感冒病毒及支氣管敗血症菌等同為犬舍咳的主要病原之一。1型病毒和2型病毒雖然是不同種的病毒，但卻擁有共同的抗原性，所以任何一方的疫苗都可同時預防兩種病毒的感染。

## 犬冠狀病毒腸炎

這是出現下痢、嘔吐等消化道症狀的傳染病，和犬瘟熱同為犬隻常見的傳染病。單純感染此病毒時並不會太嚴重，不過此病經常會和犬小病毒腸炎混合感染，此時症狀就會變得嚴重，死亡率也會提高。

## 犬副流行性感冒

這是出現呼吸道症狀的疾病，如果是由細菌引起混合感染，症狀就會變得嚴重。大部分的情況都是輕症，能夠自然痊癒；不過由於容易傳染，因此會急速擴散。

## 犬鉤端螺旋體症

這是由鉤端螺旋體菌所引起的傳染病，有腎炎型和出血性黃疸型2種。以感染動物的尿液作為媒介，剛開始時會出現嘔吐、高燒、食慾不振等症狀，症狀一旦加遽，就會開始出現肝機能障礙和腎機能障礙。

## 狂犬病

現在仍是分佈於全世界的人畜共通傳染病之一。日本雖然從1957年開始就不再發生，不過狂犬病毒是以野生動物為宿主，所以目前仍需採取萬全的防疫態勢。因此，根據狂犬病防制法，畜犬有接受預防注射的義務。

## 疫苗的種類

| 疫苗 | 預防的疾病 |
|---|---|
| 7合1疫苗 | 犬瘟熱<br>犬傳染性肝炎<br>犬腺病毒2型感染症（犬舍咳）<br>犬副流行性感冒（犬舍咳）<br>犬小病毒腸炎<br>犬鉤端螺旋體症（2種） |
| 5合1疫苗 | 犬瘟熱<br>犬傳染性肝炎<br>犬腺病毒2型感染症（犬舍咳）<br>犬副流行性感冒（犬舍咳）<br>犬小病毒腸炎 |
| 3合1疫苗 | 犬瘟熱<br>犬傳染性肝炎<br>犬腺病毒2型感染症（犬舍咳） |
| 狂犬病 | |

## 代表性的疫苗計畫

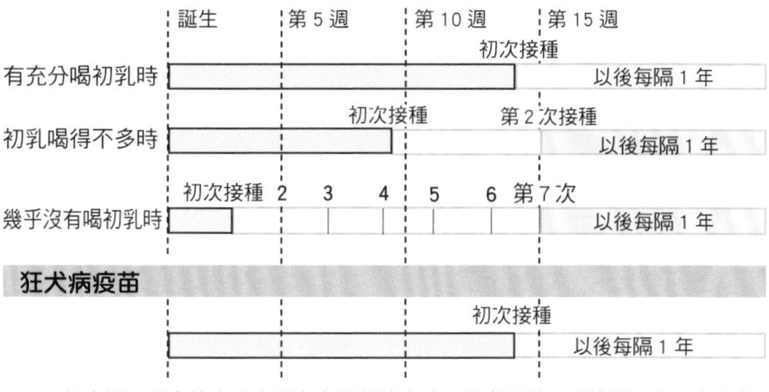


一般來說，從寵物店或育種者處獲得幼犬時，通常要做2次接種。第1次是由育種者等繁殖業者進行施打，第2次以後就要由取得的飼主來施打。在美國和日本，有時也會依獸醫師指示而施打3次疫苗。

## 不要遺失預防注射証明書

為了預防感染，狗狗運動場或寵物旅館等不特定的狗狗聚集場所，經常會要求飼主出示預防注射証明書，因此請不要弄丟。此外，也可隨身攜帶影本，臨時需要時也很方便。

# 為了健康地生活，應該要注意哪些事情？

**腦・神經**

若是突然發作或痙攣等，就必須懷疑是腦・神經系統的問題。

**嘔吐**

狗狗本來就經常會吐，不過如果一再地吐，或是吐過後顯得不舒服時，就必須注意。嚴重嘔吐時，有可能是吞下異物或是胃扭轉等需要緊急處置的狀況。

如同前頁中介紹的，任何疾病都能藉由早期發現來加以治療，或是抑制疾病的進展。而另一項希望飼主能注意的則是日常上的健康檢查。因為藉由飼主自己進行的健康檢查，可以更早發現疾病和傷害。

**呼吸**

咳嗽或打噴嚏不止時，就要懷疑可能是喉嚨或氣管發炎。

**四肢**

走路方式怪異，或是不喜歡走路時，可能是關節或脊髓的毛病。

**皮膚和被毛**

不斷抓癢時，可能是跳蚤或蜱蝨的寄生。

## 1 健康檢查的方法

**在日常生活中，將健康檢查習慣化，同時也可兼做肌膚接觸。**

**眼睛的檢查**

將下眼瞼往下拉，看眼睛黏膜的顏色。若為粉紅色就沒問題。

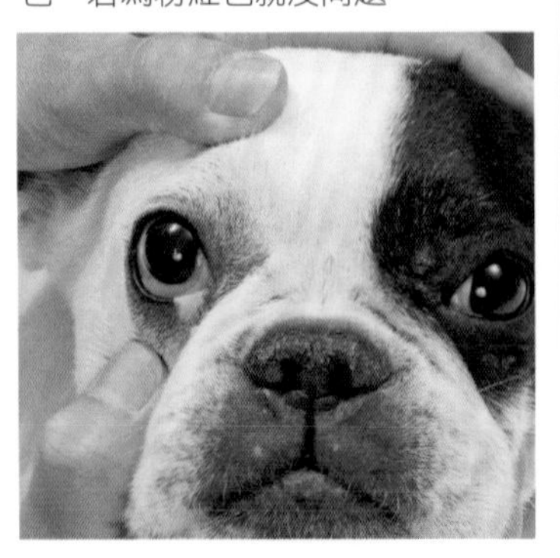

**牙齦的檢查**

翻開嘴唇看牙齦的顏色。若為粉紅色就沒問題。

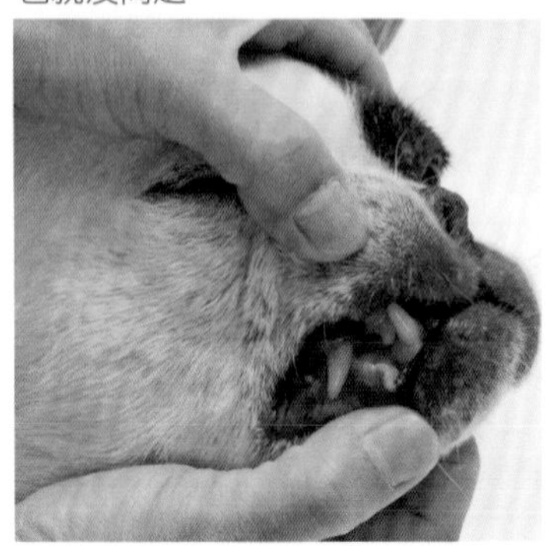

**蹠球的檢查**

確認蹠球有沒有受傷？腳趾間有沒有夾著污物或草籽？

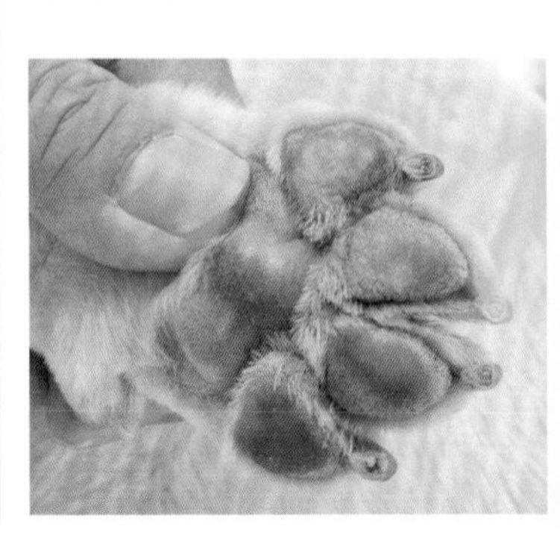

# 2 知道健康時的正常值

**愛犬健康時的身體狀態如何？心跳、體溫又是多少？這些都要事先知道。**

## 全身的狀況

觸摸全身各處，了解皮膚和被毛的狀態。檢查看看是否有硬塊或皮膚顏色不一的情況。

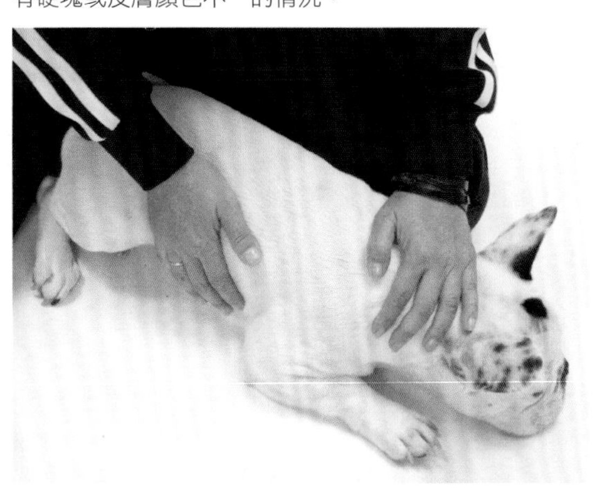

## 皮膚彈性測試

抓起皮膚扭捻，確認皮膚的彈性。正常下會立刻回復原狀，如果脫水明顯，回復的時間就會比較長。

## 脈搏數

在後肢根部附近可以找到脈搏。成犬每分鐘 70 ～ 110 下是正常的脈搏數。

## 體溫

將動物用體溫計插入肛門測量。測量完後別忘了要用酒精棉花擦拭乾淨。正常体溫是 38 ～ 39℃。

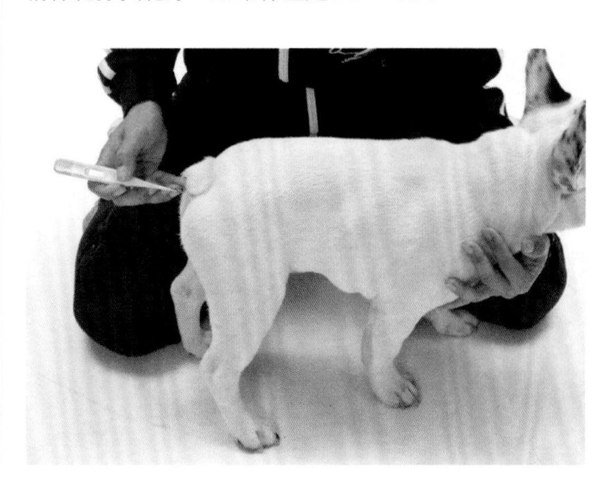

# 請教我萬一發生事故時的緊急應對方法。

因為意外或受傷而陷入恐慌時，就連平常溫順的狗狗也可能會突然咬人。可用頭巾等身邊就有的東西做成簡易的嘴套。法國鬥牛犬之類的短吻犬種，要用頭巾等從下巴下方到頭頂部緊緊綁住，讓狗狗的下巴無法打開。

認為狗狗很少會受傷的似乎大有人在，其實這是很大的誤解。狗狗遭遇各種意外和受傷的案例一直在增加中。因此，萬一發生事故時的應對方法是非常重要的。雖然有些人會認為「等到去動物醫院再交給專家處理會比較好」，不過有沒有做緊急處置，會讓症狀出現相當大的差異。

## 流鼻血

如果因為某些原因流鼻血時，可用濕毛巾冷敷出血的部位。若是冷敷了 10 分鐘仍未止血時，就要帶往動物醫院。和人類一樣，絕對禁止將東西塞進鼻子裡。

## 眼睛有異物進入

萬一有異物或化學物質等進入眼睛裡，可用海綿浸泡自來水或生理食鹽水後滴入眼睛裡。若是異物無法取出時，就要帶往動物醫院。

## 骨折

如果是單純性骨折，纏上副木可以防止更進一步的惡化。身邊任何硬物都可用來作為副木。如果有開放性傷口，就要纏上繃帶。如果是複雜性骨折，就不要使用副木，止血後儘速送往動物醫院。

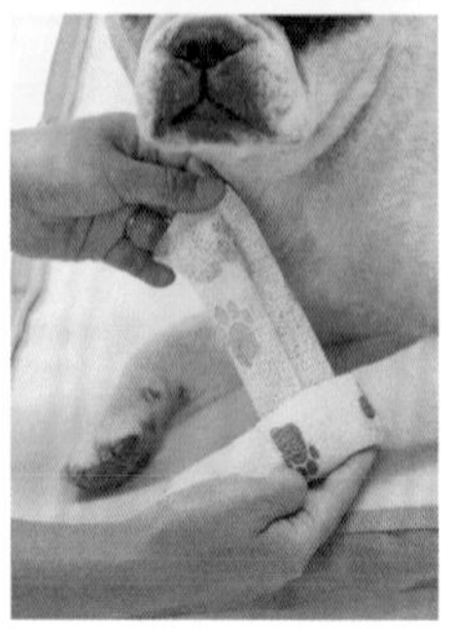

## 誤吞

狗狗誤誤吞異物，實在無法取出時，首先要做的就是催吐。讓狗狗喝下生理食鹽水或雙氧水，做強制性的催吐。

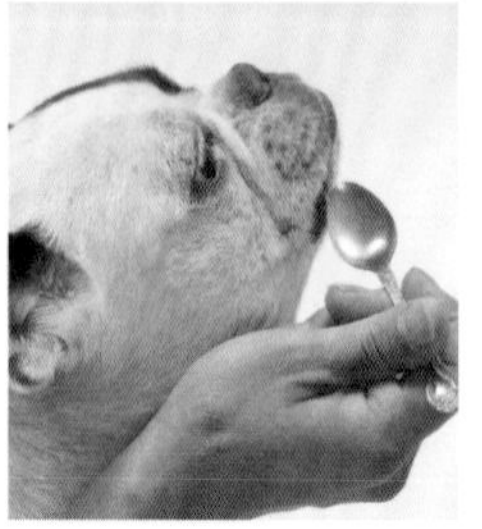

沒有注射器時，可使用湯匙。

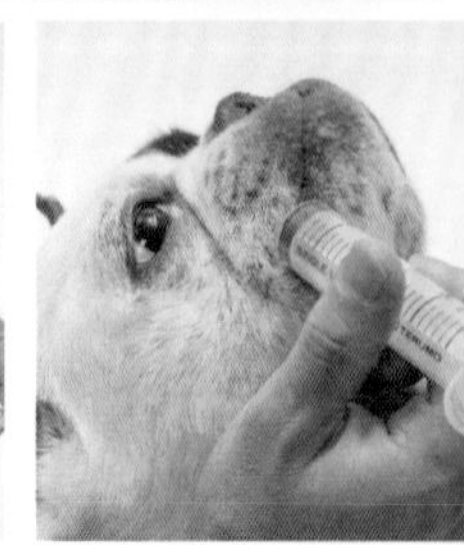

裝入注射器中，從嘴巴旁邊注入。

## 吸入氧氣

如果陷入休克，呈現發紺狀態時，有個方法是使用市售的攜帶型氧氣瓶，進行簡易的氧氣吸入。先在塑膠袋中充滿氧氣，然後將袋子套在狗狗的臉上，讓牠吸入。

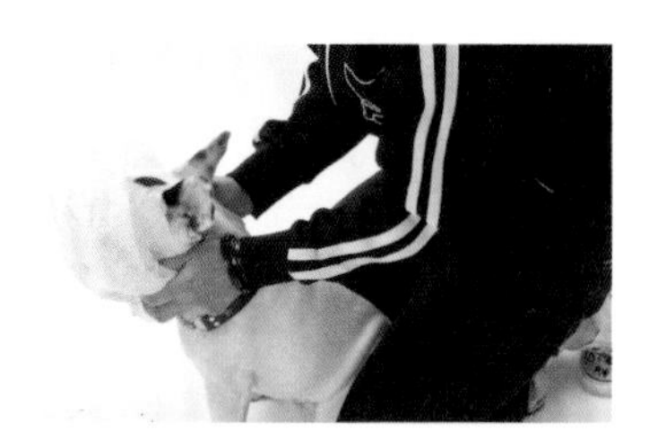

# CPR（心肺復甦術）的程序

## 1. 確保氣管

確保氣管暢通，以便呼吸能夠順利進行。讓狗狗的右側身體在下，以免氣管堵塞。

確認口中沒有異物。

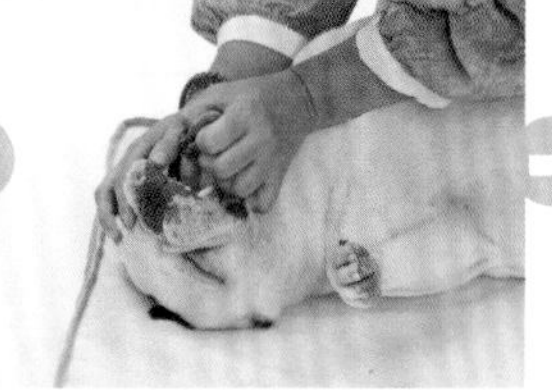

拉出舌頭。

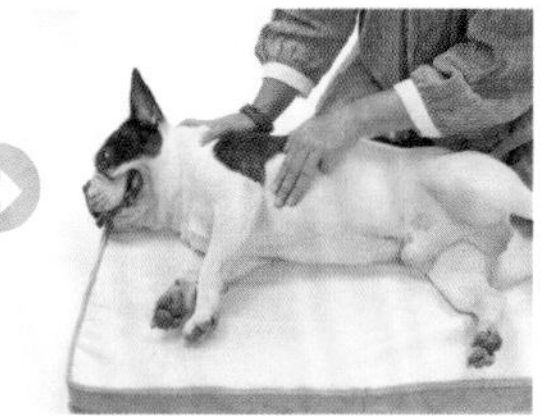

閉上嘴巴，拉直喉部。

## 2. 確認呼吸

確認狗狗是否有在呼吸。如果沒有呼吸，就要進行人工呼吸。

觀察胸部的上下動作，確認狗狗是否在呼吸。

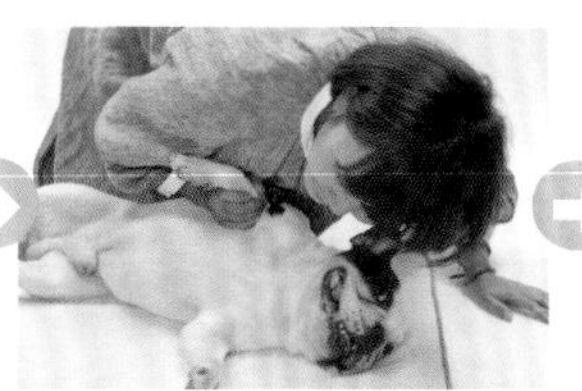

將臉部湊近狗狗的臉頰或肺部，確認狗狗的呼吸狀態。

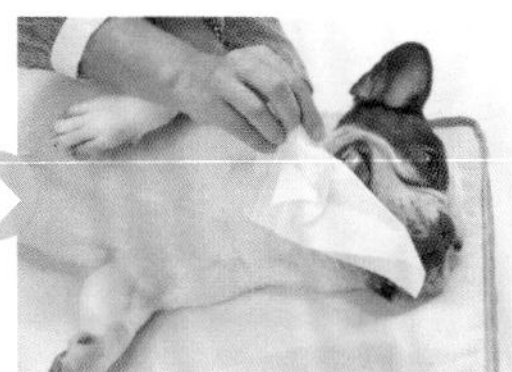

將面紙之類的薄紙貼近狗狗的鼻子加以確認。

## 3. 人工呼吸

對著狗狗的鼻子進行人工呼吸。以每分鐘 20 ～ 40 次的速度反覆進行。施行 5 ～ 6 次後確認脈搏和心跳。

（為了方便攝影，在此讓狗狗採取坐姿進行）

用力按住口吻部，以免狗狗嘴巴張開。

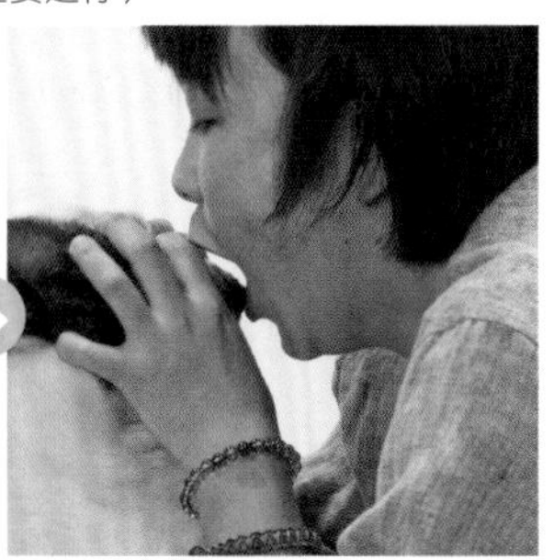

將嘴巴對著狗狗的鼻子吹氣。

## 4. 心臟按摩

萬一心臟停止時，就要進行心臟按摩。用一隻手的手指壓迫心臟的位置。以心臟按摩 5 次＋人工呼吸 1 次的配套，進行到呼吸和脈搏回來為止。

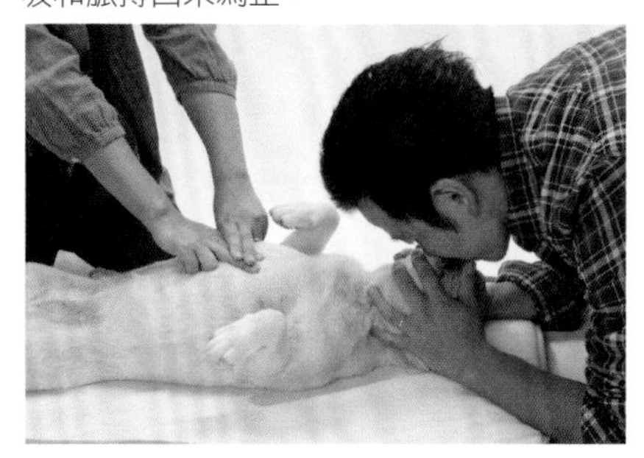

<注意>為了方便攝影，是在狗狗有意識的狀態下拍攝的。實際進行 CPR 時，絕對不能在狗狗有意識時進行。

# 為了維持健康和預防疾病，我想給牠吃健康食品。請教我正確的給予方法。

「健康食品（健康輔助食品）」已經成為促進人類健康不可欠缺的東西了。由此加以延伸，在創造愛犬的健康上也佔了一席之地。那麼，我們可以購買到的健康食品到底有多少呢？以前說到健康食品（「健康（營養）補充食品」、「機能性補充食品」）就是維生素劑和蕈類等，不過最近的市面上，也可以買到酵素和強調可以促進脂肪燃燒的氨基酸等各種商品。目前已有許多健康食品被認為是現代人所需的，而愛犬又該如何服用健康食品呢？

## 1 詢問專家

對愛犬的健康感到擔心時，應該將哪種健康食品才適合愛犬的判斷交給獸醫師等專家來進行。對你自己或是散步友人家的狗狗很好的健康食品，未必適合你家的愛犬。例如，一般認為可促進成人脂肪代謝的氨基酸，如果給兒童服用的話，可能會抑制成長。用外行人的判斷來使用，可能會為狗狗帶來危險。

## 2 注意不要過度攝取

基本上，健康食品和藥物是不同的，長期服用也不會出現副作用。在剛開始服用時，可能會出現「好轉反應」，亦即身體虛弱部分變明顯的症狀。不過，如果給予多種健康食品的話，可能會在不知不覺中過度攝取相同成分的東西。像法國鬥牛犬這種小型犬，如果大量或過度攝取的話，很容易產生副作用而導致危險。因此想讓狗狗服用多種健康食品時，最好詳細詢問過專家的意見。

## 3 即使是相同成分，其效能也可能不同

一般認為以「巴西蘑菇」、「綠貽貝」和「鯊魚軟骨」等天然成分為主的健康食品，其有效含量會因為製品而有相當大的差異。例如，巴西蘑菇深受土壤的影響，所以不同的生產地，其所含的重金屬含量也會出現相當大的落差；而重金屬堆積在體內，會帶來不好的影響。

因此，認為既然成分相同，就輕易改變製品是很危險的。還是要注意選擇可以信賴的製品。

## 4 從眾多資訊中選擇可以信賴的產品

目前社會上充滿了大量關於健康食品的資訊。即使是專家推薦的，最好還是藉由網路等自行調查一下該健康食品。健康食品的主要成分，大多廣泛地適用於各種症狀，想要深入了解，就要詳細了解使用該健康食品的病例報告和成分資料等情報。

不過，這時最重要的，是仔細挑選情報來源，確認是不是由社會認同的團體（日本獸醫師會或相關學會等）所發出的資料。

## 5 食物和健康食品的平衡

在食物上確實做好營養管理的健康狗狗，原本是不需要健康食品的。不過，如果接受過專家對健康食品的指導，認為在營養學上好像有哪裡不均衡時，或是認為健康食品能有效緩和你所擔心的症狀時，就可以考慮積極地攝取健康食品。

在有效利用五花八門的健康食品之前，給予均衡的飲食也很重要。健康食品絕對不是飲食的替代品，因為對做好飲食管理的健康狗狗來說，健康食品本來就是非必要的。

## 6 給予動物用的種類

有不少飼主似乎會把自己服用的健康食品減少分量或是分切錠劑給予狗狗食用，這是非常危險的。人類吃的健康食品是以人類的實驗數據來決定用量的，因此對於體重比人類輕的狗狗來說，可能會出現副作用，甚至會危害身體。請給予動物用的健康食品吧！

# 在動物醫院才能買到的健康食品和市面上販售的有何不同？

健康食品被定位為食品。和藥物不同，並不在農林水產省等的規範之內，所以無法清楚標示效能・效果，在市場上有氾濫的傾向。隨意製造的商品輕易就能上市的情況經常可見。至於「動物用藥」方面，是在農林水產省藥事室的嚴格監視下，在新製品發售之前必須提出根據實驗動物所研究出的成績，經審查認可後，在發售後6個月時有進行副作用報告的義務。

動物醫院處方的健康食品，在未加規範方面雖然和一般的健康食品相同，不過大多是經由各廠商做過自主性實驗，確認其效用和安全性的商品。也就是說，動物醫院處方的是研究資料詳細而確實的健康食品。此外，必須知道的是，動物醫院所處方的健康食品，是用來輔助藥物的治療及預防的，絕對不是主角。

## 動物用健康食品的特徵

1 是天然物或其抽出的萃取物
2 在毒性・安全性上沒有問題
3 沒有副作用
4 對動物有1種以上的某種良好影響
5 可長期使用
6 可和藥劑併用
7 大多可提高生活品質（QOL）
8 大多沒有成癮的問題
9 大多是人類也使用的東西

也就是說，健康食品並不是藥物，服用後雖然不會出現不好的反應，但也未必就能期待明顯的效果。

在安全性方面，廠商大多強調其原料和成分是天然的，所以安全無虞，不過也有人認為正因為是天然物才需要擔憂。也因此，如果是優良廠商所製造的商品，因為其重視安全性，若是又經過動物醫院推薦的話，在這方面是可以放心的。

那麼，給狗狗健康食品時該注意什麼呢？那就是事先認知「並不會像藥物般立刻出現明顯的效果」這件事。

依不同症狀・不同目的來搜尋
## 【獸醫師處方的健康食品臨床使用區分】

| 機能食品的臨床使用區分 | | |
|---|---|---|
| 1 | 免疫增強作用（免疫不全疾病、病毒感染等） | 蕈類（巴西蘑菇、靈芝、猴頭菇等）、初乳製劑（IgG、IgA、乳鐵蛋白）、牛骨髓萃取物、殼聚糖、複合發酵乳、阿拉伯木聚糖、核苷酸 |
| | 癌・腫瘤（荷腫瘤動物） | 蕈類、鯊魚軟骨、n-3多價不飽和脂肪酸、阿拉伯木聚糖 |
| 2 | 皮膚病 | 多價不飽和脂肪酸系（γ・α亞麻酸、亞麻仁油酸、油酸、EPA、DHA）、維生素類（維生素A、維生素E、維生素C、維生素H）、乳鐵蛋白、樹液萃取、生物素、香草 |
| | 緩和疼痛・關節炎 | 綠貽貝萃取液、鯊魚軟骨（葡萄糖胺、軟骨素等）、牡蠣萃取物、類黃酮 |
| 3 | 心臟機能低下 | 心臟萃取物、牛磺酸、肌苷、左旋肉鹼、CQ-10（輔酶Q10） |
| | 腎衰竭 | 活性碳、食用活性碳、蘑菇萃取劑 |
| 4 | 控制尿液pH值 | 延胡索酸 |
| | 消化器官疾病（免疫不全 | （肝機能障礙、整腸）雙叉乳桿菌、殼聚糖、葡萄糖胺、巴西蘑菇、納豆菌、啤酒酵母、纖維素、寡糖 |
| 5 | 癡呆 | 多價不飽和脂肪酸（EPA、DHA）、銀杏葉萃取、南非茶 |
| | 肥胖 | 脂酶、澱粉酶抑制劑、EPA（高脂血症）、VAAM、靈芝 |
| 6 | 營養補給（複合物） | 核酸類、維生素類、氨基酸類、礦物質類、必須脂肪酸、膠原蛋白、牛磺酸、泛酸鈣、葉酸、蛋白肽、酵母菌、葡萄糖、螺旋藻、綠藻 |
| | 生物節律調整作用劑 | 褪黑激素、南非茶 |
| | 其他 | 除臭劑（天然樹液萃取粉劑） |

這裡舉出的成分都是獸醫師用於許多臨床上的實驗所得的結果，對各種症狀出現緩和或改善的資料。不過，這些終究都是使用在疾病的治療輔助上，詳細請向動物醫院洽詢。

# 最好預先知道的遺傳性疾病

最近經常聽到的「遺傳性疾病」，是指由基因傳給子孫輩的疾病，也就是經由遺傳而得到的疾病；相對地，不是由遺傳所造成的疾病，例如傳染病等，就稱為普通疾病。不過，實際上並沒有辦法如此單純分類。為什麼呢？因為一般認為和疾病相關的遺傳因子有超過 500 個，但是目前知道的只是極小的一部分而已。即使現在不認為是遺傳性的疾病，當今後對疾病的遺傳因子有了更深入的研究時，或許普通疾病也會變成新的遺傳性疾病。

遺傳性疾病會被子女這一代繼承。反之，如果不讓這些狗狗生育，就可以防止該疾病蔓延下去。為了避免增加不健康的法國鬥牛犬，認識遺傳性疾病也可以説是非常重要的。

即使是未發現遺傳因子的疾病，但一般人認為「這顯然是遺傳的吧！」的疾病，有些也會稱為遺傳性疾病。不過這種型態的疾病，會依不同的專家而有不同的見解。因為會影響到多少手足、會跨及幾代等等，在調查廣度方面的想法上，學者們是分岐的。不過在基因研究日漸充實的今後，類似像「因為爸爸、爺爺也都是○○」的這種感覺性的遺傳話題應該會逐漸消失吧！附帶説明的是，由於做選擇繁殖的狗比較容易發現疾病的遺傳，因此在人類疾病遺傳因子的研究上，狗狗的遺傳因子也是非常有幫助的。

在捷克擔任牧師的孟德爾花了 6 年的時間持續觀察豌豆，發現了遺傳定律。此定律的內容被分類成 3 項，而最具代表性的是「顯性定律」，也就是將 F1（混種第 1 代）顯現的特徵視為顯性，隱藏的特徵視為隱性。第二個定律是「分離定律」，F1 彼此交配出的 F2（第 2 代），顯性和隱性會以 3：1 的比例產生。第三個定律是「自由組合定律」，有 2 對以上的遺傳因子時，各對因子和其他對因子將毫無相關地遺傳下去。

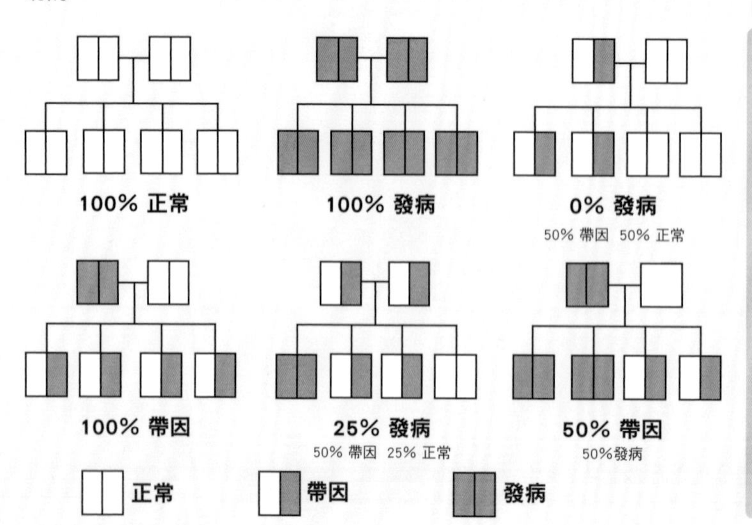


經常出現的「體染色體隱性遺傳」定律，就是左表的遺傳定律，和「顯性定律」是相同的東西。「正常」是未帶有疾病遺傳因子的犬隻；「帶因」是雖帶有遺傳因子，但因為是隱性的，所以沒有發病的犬隻；而「發病」則是指已經發病的犬隻。正常犬和正常犬交配，幼犬 100%是正常的，所以一切都沒有問題；但如果是沒有發病的帶因犬互相交配，就有 25%的機率會生出發病的犬隻。

chapter 6

# 懷孕和生產的煩惱

想讓最喜愛的愛犬生小寶寶。歡喜和快樂雖然不少，
但同時也有許多的不安。有哪些事情是必須事先知道的呢？
請慎重考慮愛犬的將來，再向生產目標前進吧！

# 希望家裡的狗狗能生小寶寶，在繁殖上該怎麼做才好？

如果飼養的是母犬，會出現「希望愛犬生小狗」的想法是很自然的。就算飼養的是公犬，也會考慮為牠找個對象來取得小狗。

狗狗的繁殖究竟是怎麼一回事？一般的飼主可能會以為只要找到對象交配就好了，然而狗狗的交配實際上並不是這麼簡單的事。當狗狗是純種狗時，人們就會參與該犬種的培育，也就是說，這樣的繁殖是維持、提升該犬種的品質而做的交配，當然不是隨便讓公犬和母犬交配就好了。

而新生命的誕生，也意味著從這個時候開始，飼主就必須要負起責任。在教養和健康上自不待言，而在延續生命的繁殖上，飼主也要負起責任。如果是純種狗，在繁殖上就更要注意。尤其是遺傳疾病方面，飼主必須充分考慮。正因為在繁殖方面是外行人，所以更需要學習有關犬種的標準、遺傳疾病方面的相關知識。

## 1 了解法國鬥牛犬的犬種標準

你知道家中愛犬的「標準（犬種標準書）」嗎？純種狗一定有標準書，還沒有閱讀過的人，不妨找找介紹犬種的單行本書籍或是上網查看，不過大多數的資料都不完整，所以最好能購買JKC（日本畜犬協會）所發行的標準書。此外，從國外函購犬種書籍也是一個方法。

或許有些人已經看過了，但卻因為有些項目過於抽象而讓人搞不清楚它在說什麼……不過，犬種標準書不僅是繁殖的指南，也記載了該犬種的「生存理由」和身軀構成、氣質、行走姿態（只要看牠走路的樣子，就可以知道該犬隻的骨骼構成等）等特徵，想要更深入了解犬種時，絕對是不可或缺的。

## 2 認識遺傳性疾病

如果是純種狗，一定要考慮遺傳性疾病。若是會危及生命的疾病，就必須將該疾病排除掉才行，因為罹患遺傳性疾病的狗狗會非常痛苦，而且飼主也很辛苦。為了避免讓狗狗痛苦，請排除掉遺傳性疾病，或是預先知道和疾病好好共處的方法。

法國鬥牛犬犬好發的有膝蓋骨脱臼、髖關節發育不全、股骨頭缺血性壞死、毛囊蟲症、過敏性皮膚炎等遺傳性疾病。此外，也有先天性疾病和構造上的問題（鼻孔狹窄、顎裂、唇裂、軟顎過長等）。在遺傳性 ・ 先天性疾病上，最好預先掌握情報。

## 3 了解自家犬種的懷孕和生產原理

或許是因為狗被當做是安產的代名詞的緣故，大家往往認為「狗的懷孕、生產是很容易的」，但小型犬和短吻犬種的生產，其實並不如想像中那麼容易。從懷孕到生產的整個過程和注意事項等，最好能和繁殖專家或獸醫師密切合作，以免緊急時慌張失措。尤其是法國鬥牛犬，是很難自然分娩的犬種。

還有，雖然狗狗約 10 個月大時就性成熟了，但是精神上的成熟還要再花 1 年的時間。所以最好在至少經過 2 次發情期之後再使其交配。

## 4 先決定好幼犬的去處

讓狗狗生幼犬時，要先決定好送給誰。只要做 X 光攝影，就能確認生下的隻數。母犬如果是 2 ～ 5 歲，因為是生產適齡期，胎兒數往往較多。這方面也要充分考慮，預先找好會好好飼養幼犬的適當家庭。

### 人工授精的方法

如果因為交配有困難、公犬和母犬居住距離遙遠、公犬已經死亡等，但仍然希望交配時，可以採用人工授精的方式。

說到人工授精，一般多指冷凍精液，但其實有分成 3 種：當場取得的新鮮精液、以 4 ～ 5 度低溫保存的精液，以及以零下 196 度保存的冷凍精液。再將這些精液注入母犬的陰道或子宮內。

精子最怕溫度降低了，若是冷凍的精液，就要進行外科剖腹手術，將精子放入子宮內。其受胎機率和自然交配相比較，差不多是一樣的。

優點是可以解決距離的問題，留下許多優良犬隻的後代；缺點則是反而可能會將不好的遺傳因子加以擴散，還有違法的精液交易、保管和管理、技術問題等等。必須制定像美國一樣的資格制度才行。

# 交配實際上是如何進行的呢？

在交配階段之前，有所謂的發情周期。其實，任何犬種一年中都有 2 次（間隔 6 個月～ 8 個月）發情期。母犬剛開始時是陰部腫脹，第二天會出現透明的分泌物；再經過一天，就會混雜有血液。這種血液性分泌物的量會漸漸增加，之後再逐漸減少，約 10 天後就消失了。

分泌物一消失，就開始排卵。而母犬也只有在這個時期才會出現準備接受公犬的態度，就連平常對公犬不屑一顧、容易生氣的狗狗，也會將尾巴往上揚，變成溫柔的模樣。

## 1 發情周期

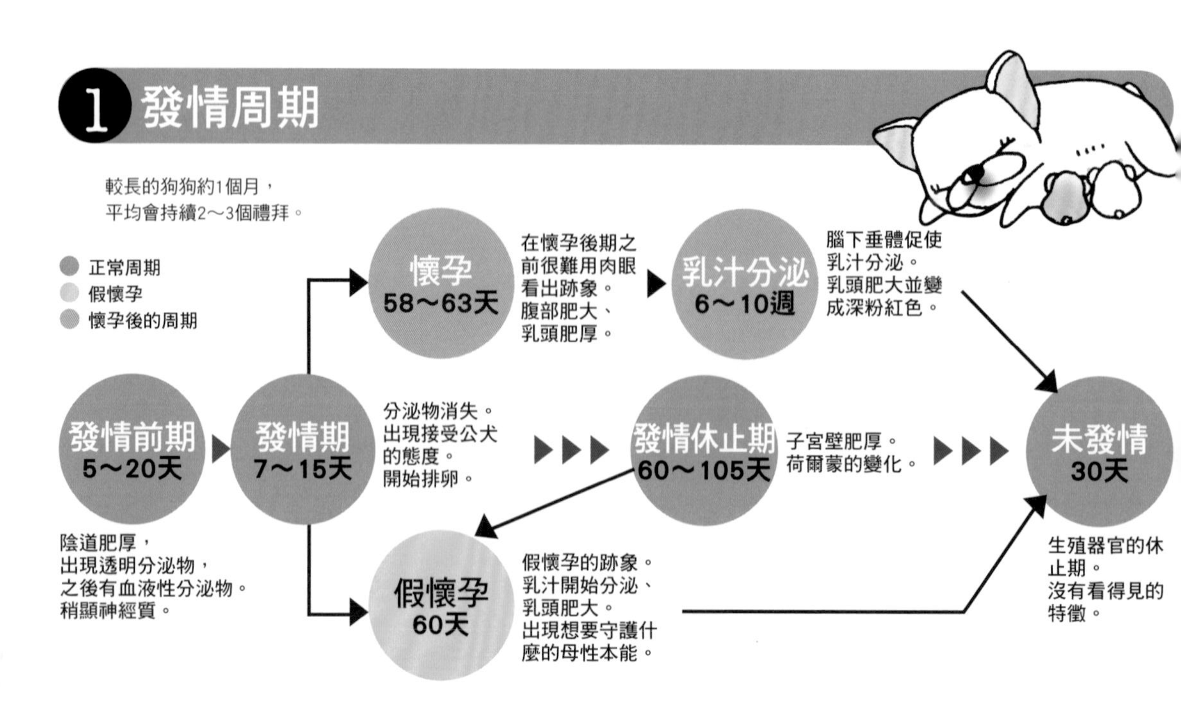

## 2 交配上的注意事項

- **讓狗狗交配時，要將母犬帶到公犬處，託交給對方約 1 個禮拜的時間。**
- **協議好讓狗狗交配 2 次，每次間隔 2 日。**
- **必須由人來介入交配時，請從旁輔助，儘量不要驚嚇到母犬。**
- **交配後第 3 個禮拜要去醫院做懷孕鑑定的檢查。**

公犬嗅聞母犬陰部的氣味。母犬揚起尾巴，採取接納的態度。

公犬騎在上方，擺動腰部。進行第一階段的射精。

變成交尾結合的狀態，再次射精。這個時候，稱為尿道球腺的公犬陰莖根部部分會膨脹變大而無法拔出。5 ～ 30 分鐘後會自然拔出，在此之前請讓牠們維持這樣的狀態。如此交配就完成了。

## 3 交配的適齡期

一般認為，以在體力上、精神上都已經成熟的 2 ～ 5 歲左右為最佳。母犬天生擁有將近 70 萬個初級卵泡，不過數量會隨著成長而逐漸減少。在 1 歲左右就會減少到將近半數，會隨著年齡的增加而漸漸減少。根據某研究資料顯示，大多數的母犬會生下和已排卵的卵子數量相當的幼犬。當年紀越來越大，雖然仍可能懷孕、生產，不過幼犬的數量將會變少。

### 抹片檢查

**想要確定交配日，抹片檢查是很有效的方法。方法是將棉棒插入陰道中採取細胞，觀察其變化的情況。隨著陰部變大，也會反映在陰道上皮細胞上，可以觀察到細胞核漸漸變小、無核化的樣子。藉由這項檢查，可以知道大致的排卵日。還有，在卵泡發育時會出血的動物只有狗狗而已。**

# 懷孕期大約是多久？

狗狗的懷孕期間一般約為 58 ～ 63 日。和其他動物比起來，狗狗擁有特殊的繁殖能力。其他動物是在排卵時才有受精能力，而母犬則是從排出未成熟的卵開始，到排卵後約 60 個小時內都有受精能力，而且還能持續 2 天；公犬的精子在母犬的生殖器內則約可以保持 5 天的受精能力。所以狗狗的實際受精是有時間差的，也就是說，即使是在排卵的 1 ～ 2 天前交配，仍然有可能懷孕。

不過要注意的是，在卵子擁有受精能力之前，母犬可能會和不同的公犬交配。如果在數天中和 2 頭公犬交配的話，可能會生下這 2 頭公犬的幼犬（同期腹妊娠）。雖然和相同的公犬之間也可能 2 度交配，不過要注意避免和不同的公犬交配。

## 1 交配後到生前產的預定表

懷孕前期 交配～20天 ▶▶▶ 懷孕中期 20～40天 ▶▶▶ 懷孕後期 40～55天 ▶▶▶ 懷孕末期 55～60天

**懷孕前期 交配～20天**

從交配後到受精卵至子宮著床約需20天左右。在這個時期，由於受精卵尚未著床，所以狀況還未穩定，要儘量減少激烈的運動和沐浴，只讓牠在室內活動就好。飲食內容可以照舊。雖然會很想給牠補充營養價值高的食物或是健康食品，但必要的營養還是從食物中攝取就好。

**懷孕中期 20～40天**

受精卵至子宮著床，進入安定期。可以外出散步，讓牠做一點輕微的運動。在這段期間只要沐浴一次就好。有些狗狗從這個時期開始，可能會有食慾不振或嘔吐等害喜現象。飲食方面要給予高營養的食物（懷孕授乳期）。請少量地混合在以往的飼料中，加以餵食。

**懷孕後期 40～55天**

進入懷孕後期後，腹部和乳腺也會逐漸變得明顯。請注意室內的高低落差和樓梯等，以免碰撞到腹部。另外，要抱牠起來時也要注意不要壓迫到腹部。這個時期的食慾較佳，但因為胎兒壓迫到胃部的關係，無法一次吃完固定的量，建議分成數次給予。由於膀胱也會開始受到壓迫，所以排尿的次數也會增加。一天只要量1次體溫即可。過了50天後，就可以感受到胎動了。

**懷孕末期 55～60天**

到了這個時期，胎兒的骨骼已經確立了，因此可以用X光檢查來確認隻數。由於也可以判斷胎兒大小和位置，所以獸醫師也能評估是要自然生產還是剖腹生產。到了55天左右，一天要量3次體溫。如果體溫升到37度時，就表示快要生產了。

## 2 懷孕中的飲食

懷孕中的飲食，必須考慮母子的健康，補充充分的營養。不只要增加平常的飲食分量，也要儘量給予營養價值高的食物。交配後大約 1 個月內，要給予和之前相同內容的飲食，並不需要因為交配就立刻給予高營養的食物。約到了第 5 週，接受早期懷孕檢查後，再更換為懷孕 ・ 授乳期用的高營養食物，慢慢增加飲食量。從 6 ～ 7 週開始，由於體內的幼犬急速成長，所以到生產之前，飲食要比平常增加 20 ～ 30%左右。不過，隨著生產的接近，成長的胎兒會漸漸壓迫到胃腸，所以一次無法吃下太多的量。請多花點工夫，採取分成 3 次、少量給予的方式。

此外，法國鬥牛犬很容易肥胖，而肥胖在生產時很容易發生問題，所以一方面要給予營養價值高的食物，一方面也要注意適度的運動。

## 3 產箱的準備

讓母犬在安心、安靜的環境生產是很重要的。因此須設置生產用的箱子。選擇寬度為母犬體長的 2 倍、深度為體長的 1.5 倍大的箱子。重點在於出入口圍起的高度要在母犬進出時不會碰觸到乳房或乳頭，而幼犬稍大一些會到處爬行時也無法跑出來。法國鬥牛犬可以切割大片的瓦楞紙來製作產箱。

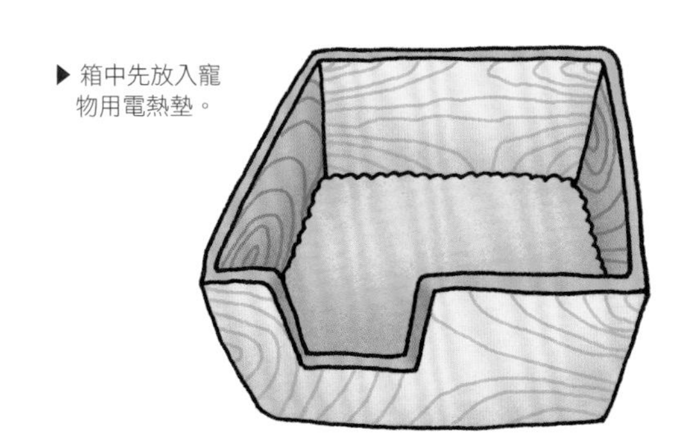

▶ 箱中先放入寵物用電熱墊。

設置的場所要在母犬能夠安心的地方。即使是家人聚集的場所，也以少有人經過的地方為佳。

放入產箱中的鋪墊可以用報紙或是厚毛巾、舊床單等。多準備些更換的毛巾，如此就算生產時弄髒了也沒關係。先設置好寵物用電熱墊，以防幼犬的體溫下降。

# 請告訴我生產時的流程和注意事項。

雖然狗的生產被當做是安產的代名詞，不過小型犬、肥胖犬，以及因胎數少而導致胎兒長得太大時，都可能會發生難產。此外，初產和經產的母犬比起來，分娩所需的時間通常比較長，難產的機率也比較高。法國鬥牛犬由於頭部較大、難以通過產道之故，幾乎都是採取剖腹生產的。因此在生產時，最重要的就是要和獸醫師密切地聯絡。

快要生產時，母犬會出現搔撓地板、挖洞之類的行為，或是呼吸變喘等。此外，有時也會出現體溫下降、不吃飯、嘔吐等症狀。這個時候，飼主不妨溫和地對牠說話、輕輕地替牠按摩，讓母犬穩定下來。

## 1 生產的開始

漸漸開始陣痛。剛開始會出現微微的顫抖，同時呼吸加速。這種狀態會重複出現數次，陣痛慢慢增強，間隔也漸漸縮短。

接著是羊膜破裂，出現羊水流出的破水。隨著母犬使勁用力，被羊膜包覆的幼犬會從頭部開始出來。母犬隨即舔剝包覆幼犬的羊膜，咬斷臍帶，並且將幼犬身上的羊水舔乾淨，舔乾整個身體。這是為了要弄乾幼犬，溫暖牠的身體，並除去進入口鼻的黏液，幫助呼吸。母犬在分娩完成之前都不會讓幼犬喝奶，等到分娩全部結束、母犬穩定下來後，才會對幼犬進行哺乳。

正常的分娩

## 2 跟獸醫師取得聯絡

以法國鬥牛犬來說，生產方式必須要事先和獸醫師仔細討論才行。絕大多數都會採用剖腹生產的方式。

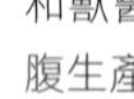

有時會發生開始陣痛了，幼犬卻遲遲生不出來，或是明明破水了，幼犬卻沒有跟著出來的情況，這時請立刻跟獸醫師聯絡。胎盤一旦剝離，幼犬可能會在腹中窒息，必須迅速應對才行。

此外，也會發生母犬為高齡犬，因為受不了陣痛而生不出幼犬的情況。這時也必須在獸醫師的判斷下，從自然分娩改為剖腹生產。生產後，如果幼犬沒有呼吸，可用毛巾刺激身體來促進呼吸，或是用兩手確實抱好幼犬，縱向搖動幼犬來加以刺激。

## 3 關於難產

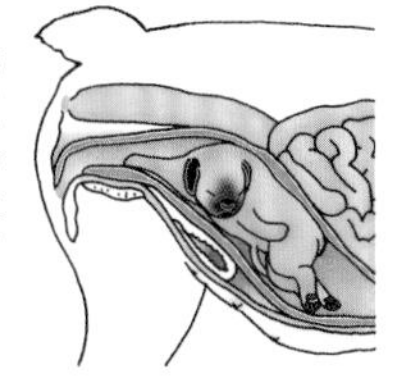

▶鼻尖沒有朝向產道時，頭部就會朝向下方。更進一步地，若是從前肢進入產道，分娩就會有困難。

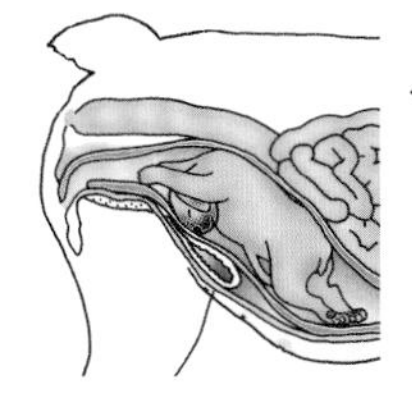

◀這是進入產道前頸部就彎曲的狀態。更進一步地，如果從肩膀先進入，分娩就會有困難。

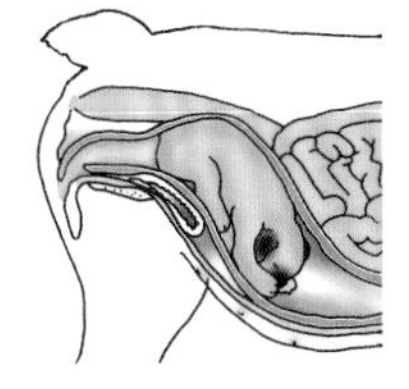

▶不是由後肢末端先進入，而是由尾巴或臀部先進入產道，一樣會有困難。

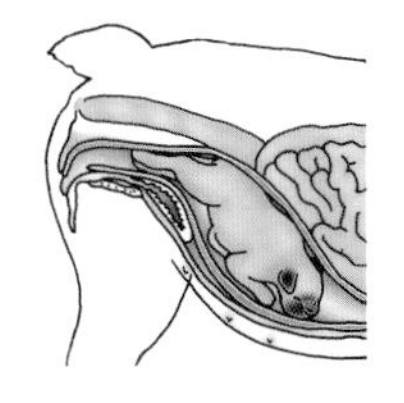

◀也就是逆產的狀態。在狗狗生產時還算常見，但如果由後肢進入產道，頭部受到阻塞時，可能會窒息。

## 4 幼犬的管理

剛出生的幼犬要先喝初乳。母犬應該會自然哺乳，這時要檢查一下是否有不會喝母乳的幼犬。如果有不會喝的幼犬或是母犬的乳汁分泌不足時，就要給予人工奶水。然後再視其需要，進行保溫和排泄的照顧。

### 關於保溫

出生不久的幼犬體溫比母犬低，只有35度左右；約需40天，體溫才會和母犬一樣。此外，因為體溫無法保持一定，所以保溫是不可缺少的。不過要注意，太熱也會對幼犬造成負擔。大致標準是將室溫保持在23度左右。

### 人工奶水的給予方法

將奶水加溫到約如人體肌膚的程度。身體虛弱或消化不良時，濃度要比標準再稀一些，或是在奶水中混入少量的葡萄糖。當母犬放棄育兒時，飼主約每隔2個小時就要餵一次奶。

### 幫助排泄的方法

出生後約2個禮拜之前，只要刺激肛門就會排泄。母犬若能舔舐給予照顧就沒有問題；當母犬不育兒時，就要由飼主來做。將面紙或紗布用溫水濕潤後，輕輕刺激排泄器官。

### 健康檢查

每天測量體重。出生不久後的體重，有時會比剛出生時還輕。但在經過3天後，如果還是較輕，就必須注意。最重要的是，出生後7～10天，體重必須是原來的2倍。

## 為何母犬會放棄育兒？

主要原因有2個。一個是環境和平常不同，心情無法穩定下來等，這時母犬會將承受的環境壓力轉向幼犬。因此，生產時營造安靜的環境非常重要。另一個原因是在血統上天性就不會照顧幼犬，其中甚至有將剛出生的幼犬咬死的母犬，不過那樣的行為和性格都和遺傳有關。像這種咬死、吃掉幼犬的行為，即使再次生產還是會重覆發生，應視情況放棄使其交配。

如果是剖腹生產，在母犬由麻醉中清醒前，就要讓幼犬吸附住乳房，多少有助於讓母犬更容易接受該狀況。

若是母犬缺乏母性時，飼主會很辛苦，不過還是要代替母犬，幫牠完成育兒的工作。

# 避孕・去勢手術的優缺點

**依照國家、獸醫師和狗狗狀況的不同，判斷也會有所差異。最終還是要由飼主來決定！**

## 避孕・去勢手術（中性化）的優點

### ♥ 若為母犬時

**1）子宮蓄膿症的預防**

此疾病是因為子宮內膜在每次反覆發情期時受到荷爾蒙的影響而發生變化，最後受到細菌感染，在子宮內發生蓄膿。狗狗和人類不同，沒有閉經，終其一生都有性周期反覆造訪，子宮內膜也會持續受到荷爾蒙的影響。通常多發生在高齡犬身上。

**2）預防乳腺癌・卵巢腫瘤的發生**

經過各種獸醫學研究已經證明，在初次發情期來訪前施行避孕手術的母犬，罹患乳腺癌的機率幾乎是0%，而初次發情後再施行的是7%，第2次發情後施行的則是25%。不過，這並不代表第3次發情後再進行手術就會完全無效，尤其是已經發生乳腺癌的母犬，如果還沒有做過避孕手術，建議在切除乳腺癌的同時也施行避孕手術，就有可能預防新的乳腺腫瘤的發生。

**3）不會有發情期，從麻煩中解放**

發情期中為了迎接排卵的到來，雌激素這種荷爾蒙會引起1～2個禮拜的出血。出血量雖有個體差異，不過因為量太多而導致氣味難聞的例子也不少，弄髒房間的情況也很多。飼主不僅要要幫狗狗包尿布、清掃房間，還要注意別讓公犬靠近，出乎意料地費心思。

### ♠ 若為公犬時

**1）預防睪丸腫瘤、圍肛腺瘤**

去勢手術是取出陰囊中的2顆睪丸，所以能夠預防高齡犬常見的睪丸腫瘤。睪丸腫瘤在組織病理學上主要有3種類型，以前認為任何類型都是良性的，不過現在已經知道犬隻也會發生惡性睪丸腫瘤，經過長時間後也可能會轉移到腹腔內。

**2）預防前列腺肥大**

雄性的前列腺肥大稱為「良性前列腺增生（BPH）」。據某研究調查指出，未去勢的5歲以上公犬80%有BPH。還有，該比率會隨著年齡而增加。變大的前列腺容易引發前列腺炎。前列腺炎是因為細菌上行性經過尿道，感染前列腺而引起發炎的疾病。可分為疼痛激烈的急性和症狀不太明顯的慢性。

**3）預防會陰疝氣**

當公犬會陰部（肛門和陰囊之間）的肌力不足時，其內側可能就會產生疝氣。從外表看來，是在肛門的旁邊或兩側產生如大瘤般的鼓起，輕則會累積糞便，重則會跑入膀胱。因此，狗狗不僅會為不適和疼痛所苦，有些內臟器官若是進入該處，甚至還會攸關性命。可施行會陰部的肌肉整復手術來加以治療。

## 避孕・去勢手術的缺點

**1）母犬的雌激素反應性尿失禁**

這是因為尿道擴約肌的機能障礙，造成母犬在睡眠中或是放鬆時發生漏尿的情形。一般認為卵巢分泌的荷爾蒙雌激素因為避孕手術導致不足也是主要原因之一。根據報告，接受避孕手術的母犬有20%會發生這種情況，也可能發生在公犬身上。可能在手術後馬上開始發生尿失禁的情形，也可能在數個月～數年後才發生。

**2）容易發胖**

根據各種研究報告顯示，不管是公犬還是母犬，中性化的犬隻肥胖的發生率約為30%；而未中性化的犬隻則約為15%。尤其是母犬，據說做過避孕手術的犬隻會比未避孕的犬隻肥胖2倍。就母犬來說，雌激素這種荷爾蒙會影響食慾，所以當雌激素因為避孕手術而減少時，食慾似乎就會增加。一般都會建議在施行避孕・去勢手術後，儘速將飲食的熱量降低約20～30%。

**3）麻醉・手術的風險**

施行手術必須全身麻醉，不過有些飼主卻對麻醉非常不放心。所幸因為獸醫學的進步，現在已能使用非常安全的麻醉藥，手術中的監測設備也很精良，所以麻醉意外非常少。此外，近來獸醫師們對「鎮痛治療」的關心度提高，會從手術前就開始使用止痛劑。

### ♣ 行為學上的影響

例如，5～6個月齡大的公犬，睪丸分泌的雄激素濃度非常高，是成犬的7倍，所以這個時期可能會出現受荷爾蒙影響的問題行為，例如爭地盤或對其他犬隻的攻擊性、頻繁的做記號行為、逃亡行為等。

作為治療問題行為的一部分，考慮施行避孕・去勢手術時，最好在行為確立之前、未滿1歲時就進行。如果過了這段期間後才施行，因為行為上已經完全確立了，所以手術的效果就比較有限。

chapter 7

# 老化的煩惱

即使是現在還很年輕的愛犬，終有一日也必須迎接
高齡期的到來。除了保持年輕的祕訣之外，
也趁現在來預習一下高齡期快樂生活的祕訣吧！

# 可能是因為在狗狗運動場玩過頭了，隔天愛犬的腰腿會抖個不停。是不是該擔心老化的問題了？

一旦有自己感覺快樂的事，即使上了年紀還是會跑來跑去，狗就是這種動物。尤其是法國鬥牛犬，只要一看到球或玩具，就始終玩不膩。不管到了幾歲，都能看到牠那種天真的模樣，這正是愛犬生活的樂趣之一吧！

活潑遊戲後的第二天，特別是到了被稱為老犬的年齡後，可能會出現站起來時後腳發抖的情形。雖然因年齡增加而導致肌肉衰退是難以避免的，不過請在身體還健康時，就注意養成適度運動的習慣，維持讓人感覺不出年齡的體質和體力吧！

在狗狗盡興跑動之後，何不試著將重點放在身體的照顧上。例如腿和腰的照顧，可以做一下按摩或伸展，有機會和設備的話，做做水療或許也不錯。也可以從平日就給予高齡犬專用食物，或是含有幫助關節的營養成分的食物。散步時進行適度的運動，以免肌肉衰退，也是很重要的。

附帶一提的是，要注意適合老犬的生活，卻又不能因為牠是老犬，就以對待老犬的方式來對待牠，這才是避免愛犬衰老的祕訣。像是擔心牠的身體而節制散步，或是因為體力較差而避免牠和其他的狗狗接觸、將睡覺的地方移到家人較少出入的安靜場所等，這些全都是錯誤的。請在不勉強的範圍內維持原來的生活節奏，而另一方面，對在意的部分也要用心地做出適合年齡的應對。

因此，請預先了解變成老犬後逐漸顯現的老化徵兆吧！在此，要從狗狗身體顯現的老化徵兆中，舉出幾個較具代表性的特徵，不妨作為參考。

## 可以從老犬身上看到的身體變化

### 覺得屁股變小了

隨著年齡的增加，肌肉衰退，臀部看起來也變小了。從前面看來，即使狗狗很有活力地走著，但是從後面看來，卻可能覺得臀部變小了。人也一樣，一般認為老化會充分顯現在背影上。到了讓人掛心的年齡後，偶爾不妨從後面看看愛犬的樣子來做確認吧！

### 身體或腳會發抖

### 白毛越來越明顯，毛質失去光澤，顯得乾燥粗糙。

### 皮膚失去彈性，容易發生皮膚問題

### 消瘦或是肥胖

因為消化・吸收機能降低，無法有效攝取營養；或是因為代謝機能降低，反而變得肥胖。

### 其他還有……

**掉毛變多、容易產生皮屑**

**眼睛白濁**

**似乎變得容易駝背、頭部下垂**

**有口臭**

**身體形成疙瘩或褐斑**

## 從老化徵兆讀取讓人擔心的疾病

雖然說愛犬身上已經顯現了老化徵兆，卻不表示全部都和疾病有直接關係。只是，也不能將一切都認定是年齡增加所導致的變化，有時也必須懷疑可能是疾病造成的。所以從平常就要仔細觀察愛犬的樣子。

| 變化 | 實際顯現的和以前的差異或動作 | 需擔心的疾病 |
| --- | --- | --- |
| 身體和體力的變化 | ・身體顫抖。站立時腳會顫抖・運動時容易疲倦，有時不想運動・很少跑動，走路也顯得蹣跚。這時，偶爾會垂下頭或尾巴・走路時拖著腳，或是蹠球沒有完全著地，而是以腳踝端稍微扭曲的感覺來行走 | 關節炎／髖關節發育不全／韌帶損傷／神經疾病／心臟疾病 |
| 被毛和皮膚的變化 | ・白毛增加・被毛變薄・被毛顏色和鼻子顏色變淡・被毛的生長不佳 | 各種皮膚病 |
| 視力的變化 | ・眼睛變白・頻頻揉眼睛・對會動的物體無法快速反應 | 老年性白內障／角膜炎／結膜炎／青光眼 |

# 最近愛犬偶爾會出現茫然看著周圍的情形。是因為年紀大了，氣力衰退的關係嗎？

一般認為小型犬約從11歲開始，老化就會加速。老化是只要健康活著，任何狗狗都會面臨的現象，所以隨著年齡增加，在氣力和體力方面，或許都會一點一點地出現和以前不同的樣子。雖然說已經來到11歲了，但也不需要對老化表現出過度敏感的反應；如果看得出愛犬氣力衰退的話，最好在今後生活的各種場面上都要多給予照顧。

只是，即使出現了某些徵兆，有時也未必全都是老化現象。因為其中有些很有可能是由某種疾病或受傷所引起的，卻出現了相同的狀態。不要將任何情況都認定是「因為年紀大了……」，先弄清楚根本原因是飼主的責任。

要下正確的判斷，在於事先掌握知識，以及不懈怠的日常健康管理。是老化造成的影響，還是潛藏著疾病，只要有不忽略掉任何小變化的冷靜眼光，應該都能加以確認才對。為了讓愛犬度過健康的老年生活，請務必儘早發現老化及疾病的徵兆；如果是疾病，留心做早期治療是非常重要的。

接續前頁的「身體變化」，在此介紹的是老犬常見的「行為變化」。請和身體變化項目一起做成檢查表，仔細觀察愛犬日常的模樣，確認有沒有吻合的項目。

## 狗狗和人類的標準年齡換算表

將狗狗的年齡換算成人類的年齡後，大致如下表所示。請將愛犬的年齡換算成人類的年齡，想像一下狗狗相當於人的幾歲吧！還有，依犬種和個體的不同也會產生若干差異，所以只能作為大致的標準參考。

| 出生年數 | 1個月 | 1年 | 2年 | 3年 | 4年 | 5年 | 6年 | 7年 | 8年 | 10年 | 12年 | 14年 | 16年 | 18年 | 20年 |
|---|---|---|---|---|---|---|---|---|---|---|---|---|---|---|---|
| 小型犬 | 1歲 | 17歲 | 24歲 | 28歲 | 32歲 | 36歲 | 40歲 | 44歲 | 48歲 | 56歲 | 64歲 | 72歲 | 80歲 | 88歲 | 96歲 |
| 中型犬 | 1歲 | 17歲 | 23歲 | 28歲 | 33歲 | 38歲 | 43歲 | 48歲 | 53歲 | 63歲 | 73歲 | 83歲 | 93歲 | 103歲 | 113歲 |
| 大型犬 | 1歲 | 12歲 | 19歲 | 26歲 | 33歲 | 40歲 | 47歲 | 54歲 | 61歲 | 75歲 | 89歲 | 103歲 | 117歲 | 131歲 | 145歲 |

# 1 老犬身上出現的行為變化

### 上樓梯有困難，或是下樓梯有困難

### 有時候會覺得叫牠好像沒聽到

可能是聽力衰退，也可能是因為熱情、興趣變淡了，嫌麻煩而假裝聽不見。

### 動作和反應變遲鈍，不想動（玩），腳步蹣跚

對其他狗狗或異性、玩具、周圍發生的事情等顯得漠不關心、興趣索然。

### 後肢的步幅變得比前肢小

可能是腰部或後肢疼痛。

### 容易疲倦、容易喘氣

也有可能是循環器官的疾病。

# 2 排尿排便・排泄物的變化

### 排尿排便變得困難

擺好姿勢了卻很難上出來，或是上不乾淨。

### 其他還有這些……

**大小便失禁**

**如廁變得頻繁**

**尿液和糞便散發和平常不同的氣味，顏色不一樣，有時會混有血液或黏液。**

# 為了讓愛犬常保活力，生活上有哪些事是最好現在就積極去做的？

即使以人類來說，這一點也相當受到矚目，那就是在愛犬還精力充沛、健康的時候，就要意識到老後而積極做各種準備，這就稱為抗老化（預防老化）。不要等有了年紀、出現老化現象後，才慌慌張張地保養身體，先設想好任何狗狗都會面臨的「衰老」現象，從年輕時就開始日積月累地進行抗老對策，自然能帶來愛犬的長壽。

作為鑑定健康狀態上的重要時期，8歲這個年齡是一個大致上的標準。雖然還不到老年，但平日就要仔細觀察，看狗狗的身體和行動上是否出現和以前不同的變化。接著到10歲左右會是個轉捩點，有不少狗狗外表看起來好像很健康，但是腿腰卻已經無法隨心所欲地行動了。更進一步地，到了13歲、14歲後，身體管理必須更加小心翼翼才行；因為隨著年齡的增加，不只是身體的衰老，氣力衰退等也會日益明顯。

所謂的抗老，就是注意健康管理和疾病預防，也可以為愛犬提升生活品質。只要在生理面、心理面等整體性地積極投入抗老，不管到什麼時候，應該都能看到愛犬年輕有活力的模樣。具體的方法像是從早期階段就給予機能性狗糧、使用能幫助身體在意部分的健康食品、施予按摩等等。當然，還要定期接受健康檢查，諮詢獸醫師的建議，以了解生活上該注意哪些事項。

## 對抗老有效的健康食品

就事先預防的意義而言，能夠補充身體不足成分的「營養補充食品」，可以在愛犬邁入高齡期前就給予。請到平時往來的動物醫院詢問愛犬的健康狀態，有效地使用。

| 症狀 | 營養補充食品 | 特徵 |
|---|---|---|
| 關節的老化對策 | 軟骨素 | 由鯊魚軟骨等製成，可幫助軟骨等的修復，緩和關節炎症狀 |
| | 葡萄糖胺 | 由甲殼類的幾丁質製成，可修復軟骨並緩和關節炎的疼痛、腫脹 |
| 預防視力衰退 | β-胡蘿蔔素 | 以用黃綠色蔬菜所含的黃色色素轉化成維生素A，可消除眼睛疲勞，保護黏膜 |
| | 葉黃素 | 類胡蘿蔔素的一種，抗氧化作用高，可保護眼睛，抑制水晶體和視網膜的氧化 |
| 預防老化 | DHA | 魚類所含的不飽和脂肪酸，在控制膽固醇和抑制癡呆的問題行為上有效 |
| | EPA | 魚類所含的不飽和脂肪酸，在防止血栓和抑制癡呆的問題行為上有效 |
| | 輔酶Q10 | 為體內細胞的輔酵素，利用抗氧化作用和免疫系統的活性化等來防止老化 |
| 改善肝臟機能 | S-腺核苷甲硫胺酸 | 胺基酸的一種，可生成肝臟必需的抗氧化物質谷胱甘肽，改善肝臟機能 |

## 平日就要積極採取的抗老方法

所謂的抗老並不是把特別的事拿來當作每天的功課，日積月累的小小照料才是最重要的。對愛犬不經意的關愛表現，有助於延緩老化的速度。

### 1 給予機能食品或健康輔助食品

近來市面上出現了很多照顧身體各部位的營養均衡的食品，還有考慮犬種特性而誕生的機能食品；健康輔助食品也一樣，有很多都是專為狗狗而開發的製品。不妨針對愛犬在健康上有疑慮的地方，或是考慮其身體狀況和嗜口性，試著善加併用這些產品吧！

### 2 身心上都有適度刺激的生活

愛犬的日常生活中難免有各種壓力。雖然都以壓力稱之，但若是可以在生活中產生刺激的壓力，往往能為心理和身體帶來活性化。刺激嗅覺和腦部的遊戲、能遇見朋友的最喜歡的散步、吃好吃的食物、出去旅行等等，這些提高情緒的事物都會為身心帶來好的影響。

### 3 重視「互相注視」、「撫摸身體」

和愛犬互相注視、撫摸牠的身體、和牠說話，這些日常中不經意的接觸是很重要的行為。因為這表示牠備受最喜歡的家人的喜愛，心情好，當然健康。此外，撫摸也可以儘早發現身體的變化和疾病。

# 有哪些疾病是上了年紀後會變得容易罹患的？

隨著年齡的增加，不管是看得見的地方還是看不見的地方，身體各部位出現健康問題，是任何動物都會發生的事。就法國鬥牛犬來說，讓人擔心的是從年輕時就令人煩惱的皮膚問題，還有內臟和關節等令人掛心的疾病明顯居多。此外，其頗具特色的眼睛和呼吸系統的問題等也讓人擔心。

自然發生的生理老化加上疾病，會讓老化的速度更加快速。最好在愛犬迎向高齡期之前，就能事先了解關於身體和行為上會出現怎樣的變化，以及高齡時常見的疾病和症狀等知識。如此一來，當直接面對愛犬的健康問題或疾病時，一定能夠做出正確的應對。儘量及早應對是最重要的，所以平日就要觀察愛犬，以免忽略了小變化、老化的徵兆。

在飼主的心理準備上，最重要的並不是等愛犬生病後才帶去醫院，而是為了預防疾病而上醫院。從還健康有活力時就開始勤於進行身體管理，希望能儘量延長和愛犬一起生活的日子。

## 狗的「失智症」診斷標準判定表

| 食慾、下痢 | 1 正常 | 1 | 感覺器官異常 | 1 正常 | 1 |
|---|---|---|---|---|---|
| | 2 飲食異常，但也會下痢 | 2 | | 2 視力變差，重聽 | 2 |
| | 3 飲食異常，有時會下痢，有時不會下痢 | 5 | | 3 視力・聽力明顯變差，對任何事物都要依賴鼻子 | 3 |
| | 4 飲食異常，但幾乎不會下痢 | 7 | | 4 視力幾乎完全消失，會異常且頻繁地嗅聞氣味 | 4 |
| | 5 飲食異常，不管吃了什麼、吃了多少，都不會下痢 | 9 | | 5 只有嗅覺變得異常敏感 | 6 |
| 生活節奏 | 1 正常 （白天活動，晚上睡覺） | 1 | 姿勢 | 1 正常 | 1 |
| | 2 白天活動變少，夜晚和白天都會睡覺 | 2 | | 2 尾巴和頭部下垂，不過還能採取幾乎正常的起立姿勢 | 2 |
| | 3 夜晚和白天都在睡覺的情形變多 | 3 | | 3 尾巴和頭部下垂，起立時會失去平衡，搖晃不穩 | 3 |
| | 4 白天除了吃飯之外，好像睡死了一般，半夜到天亮這段時間會突然到處走動 | 4 | | 4 有時會茫然地持續站著 | 5 |
| | 5 上記情況已經到了無法由人制止的狀態 | 5 | | 5 有時會以異常的姿勢躺臥 | 7 |
| 後退行動（方向轉換） | 1 正常 | 1 | 吠叫聲 | 1 正常 | 1 |
| | 2 想進入狹窄的地方，無法前進時就會想辦法後退 | 3 | | 2 叫聲變得單調 | 3 |
| | 3 進入狹窄的地方後，完全無法後退 | 6 | | 3 叫聲單調又大聲 | 8 |
| | 4 為3的狀態，不過若是在房間的直角角落就能夠轉換方向 | 10 | | 4 半夜到天亮之間的固定時間會突然吠叫，但某種程度上還能制止 | 7 |
| | 5 為4的狀態，即使在房間的直角角落也無法轉換方向 | 15 | | 5 和4一樣，好像看到什麼東西般地開始吠叫，完全無法制止 | 17 |
| 步行狀態 | 1 正常 | 1 | 感情表現 | 1 正常 | 1 |
| | 2 往一定方向漫步前進，變成不規則運動 | 3 | | 2 對他人及動物的反應似乎變遲鈍了 | 3 |
| | 3 往一定方向漫步前進，便成旋轉運動（大圓運動） | 5 | | 3 對他人及動物沒有反應 | 5 |
| | 4 變成旋轉運動（小圓運動） | 7 | | 4 3的狀態，只對飼主勉強有反應 | 10 |
| | 5 變成以自己為中心的旋轉運動 | 9 | | 5 4的狀態，對飼主同樣沒有反應 | 15 |
| 排泄狀態 | 1 正常 | 1 | 習慣行為 | 1 正常 | 1 |
| | 2 有時會弄錯排泄場所 | 2 | | 2 學習過的行動或習慣行為暫時性消失 | 3 |
| | 3 不在乎場所就排泄 | 3 | | 3 學習過的行動或習慣行為部分性地持續消失 | 6 |
| | 4 失禁 | 4 | | 4 學習過的行動或習慣行為大部分都消失 | 10 |
| | 5 躺著排泄（躺著直接失禁的狀態） | 5 | | 5 學習過的行動或習慣行為全部消失 | 12 |
| | | | | 合計 | 分 |

第二次診斷基準的區分，30分以下為老犬，31～49分為失智症預備犬，50分以上為失智症發病犬（資料提供：ME Research Center）

# 老犬須注意的4大問題

## 「牙齒」的問題

**疾病例）牙周病**

牙垢不處理，日後就會發展成牙齦腫脹、發紅、疼痛的牙周病。如果更進一步進展的話，細菌可能會隨著血流而來到身體各處，影響包含心臟在內的各種臟器。從年幼時就要養成刷牙的習慣，有助於預防重大疾病。

## 「骨骼‧關節」的問題

**疾病例）骨關節炎、椎間盤突出、變形性脊椎症**

隨著老化逐漸進行，肌肉和韌帶衰退，關節的軟骨也會慢慢磨損。為了保持適度的肌力，避免對關節造成多餘的負擔，注意肥胖和體重過重是很重要的。還有，不要只注意外表上的肥胖情形，體脂肪率的管理也要確實做好。等到關節疼痛後才處理的話，會更加麻煩。在發展成那樣的情況前，就多用心在平日的照顧上來做預防吧！

## 「循環器官」的問題

**疾病例）二尖瓣閉鎖不全、心臟肥大、慢性心臟衰竭、氣管塌陷、支氣管炎、肺水腫**

隨著老化的進行，心臟機能往往也跟著衰退。可能因為血管彈性變差，或是心臟瓣膜變形，出現各種功能障礙。例如，夏季時的散步中或是運動後，狗狗經常顯得氣喘吁吁的。這時，大部分都是暑熱所引起的脫水，血液也會變得濃稠。由於只要讓狗狗喝水就能獲得改善，所以一定要攜帶水壺──像這樣的照料也能預防疾病的發生。此外，隨著年齡增加，肌肉會漸漸衰退，而包含心臟在內的各個臟器必須要有肌肉才能確實運轉。因為有結實的肌肉才能將血液輸送到整個身體，心臟才能輕鬆動作。平日就要注意運動，以維持適度的肌肉。

## 「荷爾蒙」的問題

**疾病例）糖尿病、甲狀腺機能低下、庫興氏症候群**

最容易忽略的是甲狀腺機能低下。在身體代謝上負有重要任務的甲狀腺荷爾蒙分泌量一旦降低，就會導致各種症狀的出現。皮膚失去彈性、心臟功能變弱、經常躺臥、對事物不感興趣等等；乍看之下和老化引起的變化很相似，飼主可能會以為愛犬「大概是老了吧！」而忽略疾病。當狗狗出現這些症狀時，必須先懷疑可能是此病。想要早期發現疾病，預先了解老年期容易出現的疾病和這些症狀的相關內容是很重要的。

除此之外，老犬常見的疾病還有失智症、屬於眼睛疾病的白內障和青光眼、角膜炎、內臟疾病的腎臟機能障礙和肝臟機能障礙、膀胱結石、子宮蓄膿症，以及惡性腫瘤和皮膚病等。總而言之，都要注意疾病的早期發現、早期治療，在症狀變嚴重前給予適當的照顧。

# 最近看到愛犬老是躺著。牠已經11歲了，就讓牠這樣安靜地度過是不是比較好？

狗狗上了年紀後，各方面的行動都會開始遲緩，變得不太想動，這是很自然的。即使聽到飼主的呼喚也只動了動眼睛和耳朵，在有高低階差的地方，如果不一股作氣可能就上不去等。對飼主來說是有點寂寞，不過這種老化帶來的現象總是無法避免的。

雖說如此，如果身體沒有不舒服的地方卻老是躺著，這樣也不太好。是單純地因為上了年紀所以對周遭不感興趣，使得躺臥時間變長？還是身體有什麼地方不舒服？弄清楚原因是很重要的。

就法國鬥牛犬來說，稱為老犬的年齡大約是從10歲開始，即使沒有特別顯現出異常，也應該定期接受健康檢查。不管任何疾病，早期發現都能提高完全治癒的機率。如果在平常的健康檢查中身體沒有問題，那麼即使是老犬，適度的運動也是必需的。

不過，絕對不能像年輕時那樣從事過度激烈的運動。讓狗狗慢慢散步，去看看狗朋友們等等，不妨放慢步調來讓狗狗體驗年輕時喜歡做的事吧！

如果因為狗狗已經老了而過度保護、不讓牠活動的話，狗狗將會很快地完全老化。

## 1 創造適合老犬的生活環境

當狗狗的腿腰衰弱、變得不太活動時，就要在每天的生活中，為狗狗減短步行的距離。愛乾淨的狗狗，就算有點勉強，也會想在平常上的廁所排尿。幫狗狗減少那樣的負擔，也是對抗老化的一個方法。

## 2 即使「沒問題！」也要避免加重負擔

像樓梯之類的陡坡面，即使腿腰沒有問題，對老犬都會成為負擔。應該避免激烈的運動，例如樓梯的爬上爬下等，法國鬥牛犬最好還是避免。就算狗狗想自己上樓梯，也要加以協助。

## 3 儘量陪著牠、逗弄牠

對周圍的事物興趣缺缺，這也是老犬們明顯的傾向。視身體狀況等因素，如果已經不太能出去外面了，不妨在室內儘量陪牠玩吧！不管是梳毛、按摩，還是對牠說說話都很好。

## 4 好天氣的日子用手推車帶牠去散步

狗狗們即使年老了，還是很喜歡去外面。就算因為腿腰不便，無法像以前那樣散步，依然可以用手推車等經常帶牠出去。做做森林浴、和狗朋友們玩遊戲等等，外部世界的各種刺激都可以讓狗狗們保持年輕。

國家圖書館出版品預行編目(CIP)資料

法國鬥牛犬的調教與飼養法 / DOG FAN編輯部編；
彭春美譯. -- 二版. -- 新北市：漢欣文化, 2018.10
160面；17×21公分. -- (動物星球；5)
ISBN 978-957-686-756-9(平裝)

1.犬 2.寵物飼養 3.犬訓練

437.354 107014060

定價280元

動物星球 5

# 法國鬥牛犬的調教與飼養法（暢銷版）

編　　者 / DOG FAN編輯部
譯　　者 / 彭春美
出 版 者 / 漢欣文化事業有限公司
地　　址 / 新北市板橋區板新路206號3樓
電　　話 / 02-8953-9611
傳　　真 / 02-8952-4084
郵撥帳號 / 05837599 漢欣文化事業有限公司
電子郵件 / hsbookse@gmail.com
二版一刷 / 2018年10月